FORSCHUNGSBERICHTE
DES WIRTSCHAFTS- UND VERKEHRSMINISTERIUMS
NORDRHEIN-WESTFALEN

Herausgegeben von Staatssekretär Prof. Leo Brandt

Nr. 170

Prof. Dr. phil. F. Wever
Dr. phil. A. Rose
Dipl.-Ing. L. Rademacher

Anwendung der Umwandlungsschaubilder auf Fragen der Werkstoffauswahl beim Schweißen und Flammhärten

aus dem
Max-Planck-Institut für Eisenforschung, Düsseldorf

Als Manuskript gedruckt

WESTDEUTSCHER VERLAG / KÖLN UND OPLADEN
1955

ISBN 978-3-663-03208-3 ISBN 978-3-663-04397-3 (eBook)
DOI 10.1007/978-3-663-04397-3

Forschungsberichte des Wirtschafts- und Verkehrsministeriums Nordrhein-Westfalen

Gliederung

I. Vorwort . . . . S. 5

II. Anwendung von ZTU-Schaubildern auf besondere Fragen bei der Herstellung hochbeanspruchter, geschweißter Bauteile . S. 7

    1. Anforderungen an die Schweißwerkstoffe . . . . S. 7

    2. Aussagefähigkeit der ZTU-Schaubilder zu den Fragen der Schweißtechnik . . . . S. 7

    3. Erhitzungs- und Abkühlungsvorgänge beim Schweißen . . . S. 8

    4. Abkühlungsvorgänge beim Schweißen und bei der Wärmebehandlung in Beziehung zu den kontinuierlichen Schaubildern einiger Schweißstähle . . . . S. 12

    5. Festigkeitseigenschaften hochfester, schweißbarer Baustähle in Beziehung zu ihrem Umwandlungsverhalten . . S. 23

III. Der Vorgang des Flammhärtens, dargestellt im ZTU-Schaubild für kontinuierliche Abkühlung . . . . S. 26

    1. Das Verfahren des Flammhärtens . . . . S. 26

    2. Umwandlungsverhalten der Versuchswerkstoffe . . . . . . S. 27

    3. Stirnabschreckhärtekurven . . . . S. 30

    4. Versuchsanordnung . . . . S. 32

    5. Erwärmungsvorgänge . . . . S. 34

    6. Abkühlungsvorgänge in Beziehung zum kontinuierlichen ZTU-Schaubild des Stahles VM 175 . . . . S. 38

    7. Temperaturverteilung, Abkühlungsvorgänge und Einhärtung beim Stahl VM 175 . . . . S. 41

    8. Abkühlungsvorgänge in Beziehung zum kontinuierlichen ZTU-Schaubild des Stahles Ck 45 . . . . S. 41

    9. Temperaturverteilung, Abkühlungsvorgänge und Einhärtung beim Stahl Ck 45 . . . . S. 46

    10. Schlußfolgerungen aus den Versuchsergebnissen . . . . . S. 47

IV. Zusammenfassung . . . . S. 49

V. Literaturverzeichnis . . . . S. 51

Forschungsberichte des Wirtschafts- und Verkehrsministeriums Nordrhein-Westfalen

I. Vorwort

Die Zeit-Temperatur-Umwandlungs-Schaubilder haben zunehmend an Bedeutung gewonnen als Mittel zur Beschreibung der Umwandlungen unterkühlten Austenits, die bei den Vorgängen der Wärmebehandlung eintreten und deren praktischen Erfolg bestimmen. Wir unterscheiden heute zwei grundsätzlich verschiedene Formen von ZTU-Bildern:

1. das ZTU-Bild für isothermische Versuchsführung,
2. das ZTU-Bild für kontinuierliche Abkühlung.

Eine Beschreibung dieser beiden Schaubildarten und ihrer Anwendungsmöglichkeiten für die Wärmebehandlungspraxis wurde in dem Forschungsbericht Nr. 75 "Zeit-Temperatur-Umwandlungs-Schaubilder als Grundlage der Wärmebehandlung der Stähle"[1] gegeben (vgl. auch die Arbeit von F. WEVER und A. ROSE[2]).

Danach ist das isothermische Umwandlungsschaubild in den Fällen anwendbar, wo ein austenitisches Ausgangsgefüge isothermisch umgewandelt wird. Wärmebehandlungen dieser Art sind beispielsweise das Perlitglühen, einige Anwendungen der Zwischenstufenumwandlung und die Warmbadhärtung.

Demgegenüber ist eine Anwendung des Umwandlungschaubildes für kontinuierliche Abkühlung überall da gegeben, wo die Abkühlung bei der Wärmebehandlung stetig erfolgt. Hierbei ist jedoch die Einschränkung zu machen, daß die in Frage stehenden Abkühlungen dem Zeitgesetz der Abkühlungsvorgänge des Schaubildes entsprechen oder diesem in dem entscheidenden Temperaturbereich des Ablaufs der Umwandlungsvorgänge mit ausreichender Genauigkeit angenähert sind.

Für die kontinuierliche Abkühlung von Rundquerschnitten konnte durch eingehende Untersuchungen von A. ROSE und W. STRASSBURG[3] sowie von A. ROSE und D. WILD[4] festgestellt werden, daß in diesem Fall die Ähnlichkeit mit dem Schaubild weitgehend gegeben ist. Es ist somit möglich, das Ergebnis einer durchgeführten Wärmebehandlung hinsichtlich Gefügezusammensetzung und Härte aus dem kontinuierlichen ZTU-Schaubild des betreffenden Stahles vorauszubestimmen. Auch bei Anwendung des Schaubildes auf Wärmebehandlungen an anderen Querschnittsformen sind grundsätzliche Schwierigkeiten nicht zu erwarten.

Untersuchungen[3] an der Stirnabschreckprobe zeigten, daß auch in diesem Falle der Zusammenhang mit dem kontinuierlichen Schaubild in befriedigendem Maße gegeben ist, wenn auch mit etwas geringerer Genauigkeit als bei den Rundproben.

Für den praktischen Betrieb ist von noch größerem Interesse die Frage, inwieweit sich auch schwerer übersehbare Abkühlungsvorgänge mit den Aussagen des kontinuierlichen Schaubildes in Zusammenhang bringen lassen. Diese Frage, die aus der Praxis immer häufiger gestellt wird, bezieht sich meistens auf Vorgänge, bei denen weder eine gleichmäßige Austenitisierungstemperatur im Werkstück vorliegt noch die Erwärmung und Abkühlung als voneinander getrennte Behandlungsgänge durchgeführt werden. Hierzu gehört beispielsweise das Schweißen und das Flammhärten.

In dieser Hinsicht gibt also die Anwendung des kontinuierlichen Schaubildes auf diese beiden Verfahren die gleichen Probleme auf. Um den Zusammenhang zwischen dem Schaubild und den beiden Verfahren herzustellen, ist es notwendig, zunächst die Austenitisierungsbedingungen und Abkühlungsvorgänge aufzunehmen. Die Ergebnisse dieser Prüfungen sind dann zu den kontinuierlichen ZTU-Schaubildern derjenigen Stähle in Beziehung zu setzen, die für die beiden Verfahren in Frage kommen.

Hier bewegen sich aber die Anforderungen an das Umwandlungsverhalten in entgegengesetzter Richtung. Während man beim Schweißen aus noch näher zu erläuternden Gründen in der Übergangszone zwischen Schweißnaht und Grundwerkstoff eine Härtung vermeiden muß, ist es das Ziel des Flammhärtens, in einer bestimmten Oberflächenschicht eines Werkstückes eine Härtung herbeizuführen. Die jeweils vorliegenden Abkühlungsvorgänge müssen also im ersten Falle im Bereich unterkritischer und im zweiten Falle im Bereich überkritischer Abkühlungsgeschwindigkeiten des betreffenden Stahles liegen.

Im folgenden soll über das Ergebnis der im vorstehenden gekennzeichneten Untersuchungen berichtet werden. Es wird gezeigt, welche Bedeutung dem ZTU-Schaubild für kontinuierliche Abkühlung in diesem Zusammenhang, vor allen Dingen in bezug auf die Auswahl geeigneter Werkstoffe, in dem oben beschriebenen Sinne zukommt.

Der Inhalt des vorliegenden Berichtes ist zum Teil bereits veröffentlicht in den Arbeiten von F. NEHL und A. ROSE[5] und A. ROSE und L. RADEMACHER[6].

Forschungsberichte des Wirtschafts- und Verkehrsministeriums Nordrhein-Westfalen

II. Anwendung von ZTU-Schaubildern auf besondere Fragen bei der Herstellung hochbeanspruchter geschweißter Bauteile

1. Anforderungen an die Schweißwerkstoffe

Für die Entwicklung der Schweißtechnik, die in den letzten Jahrzehnten durch Erschließung immer neuer Anwendungsgebiete einen stürmischen Aufschwung erfahren hat, bedeutet es ein schwerwiegendes Hindernis, daß für geschweißte Bauteile nur solche Werkstoffe verwendet werden können, die unter den üblichen Bedingungen schweißbar sind und keine Neigung zu Rissen auf Grund von Martensitbildung zeigen. Das waren bisher im wesentlichen Stähle mit niedrigem Kohlenstoffgehalt, deren Zugfestigkeit durch Zulegieren von Mangan und Silizium bis auf rund 60 kg/mm^2 erhöht werden konnte.

Das Anwendungsgebiet der Schweißtechnik könnte wesentlich erweitert werden, wenn es gelänge, schweißbare Stähle zu finden, die hinsichtlich ihrer Festigkeitseigenschaften den hochwertigen Vergütungsstählen entsprechen, wobei Voraussetzung ist, daß diese Eigenschaften nicht durch eine Abschreckbehandlung erzielt werden müssen. Die Lösung dieser Aufgabe ist äußerst schwierig, da die Forderung nach guter Schweißbarkeit und vor allem nach Vermeidung der zu Rißbildung führenden Aufhärtung, d.h. Martensitbildung in der Schweißzone, die Verwendung der meisten hochwertigen legierten Stähle ausschließt.

2. Aussagefähigkeit der ZTU-Schaubilder zu den Fragen der Schweißtechnik

In dieser Zwangslage haben sich die ZTU-Schaubilder für kontinuierliche Abkühlung als bedeutendes Hilfsmittel erwiesen. In Verbindung mit den Abkühlungsvorgängen, wie sie beim Schweißen auftreten, gestatten sie in zweifacher Hinsicht wesentliche Aussagen, nämlich

1. in welchen Fällen Martensit in so großen Mengen gebildet wird, daß Härterisse auftreten können;
2. welche Stähle die Aussicht bieten, ohne eine Abschreckbehandlung Festigkeitseigenschaften zu erzielen, die in der Größenordnung von hochwertigen Vergütungsstählen liegen.

Eine vergleichende Betrachtung der Umwandlungsschaubilder bietet außerdem die Möglichkeit, Aussagen über den Einfluß bestimmter Legierungselemente auf das Umwandlungsverhalten und die dadurch bedingten Eigenschaften eines

Stahles zu machen. Die ZTU-Schaubilder sind damit ganz allgemein ein wertvolles Hilfsmittel bei der Entwicklung neuer Stähle mit dem Ziel, die Stahleigenschaften auf den jeweiligen Verwendungszweck abzustimmen. Im besonderen leisten sie also auch bei der Entwicklung neuer Schweißstähle, die der Schweißtechnik neue Anwendungsgebiete erschließen können, wertvolle Dienste.

3. Erhitzungs- und Abkühlungsvorgänge beim Schweißen

Im folgenden soll über die Ermittlung der Abkühlungsvorgänge in der Schweißzone berichtet werden sowie über die Umwandlungen, die hierbei zu erwarten sind. Letztere Aussagen sollen aus den kontinuierlichen ZTU-Schaubildern derjenigen Stahlsorten abgeleitet werden, die für die Entwicklung der Schweißtechnik grundsätzliche Bedeutung haben.

Temperatur-Zeit-Messungen beim Schweißvorgang lassen sich bei Einlagen-Lichtbogen-Schweißungen an dicken Blechen ohne allzu große Schwierigkeit mit Thermoelementen durchführen. Die Schwierigkeiten nehmen erheblich zu bei dünneren Blechen und bei der Mehrlagen-Handschweißung. In diesen Fällen macht man zweckmäßiger von dem von A. ROSE und W. STRASSBURG[3] angegebenen Verfahren Gebrauch, die Abkühlungsgeschwindigkeit aus Gefüge und Härte mit Hilfe des Umwandlungsschaubildes zu bestimmen. Eine Nachprüfung ergab, daß auf diesem Wege auch die Abkühlungsgeschwindigkeit beim Schweißen mit ausreichender Genauigkeit abgeschätzt werden kann.

Abbildung 1 stellt die Erhitzungs- und Abkühlungsvorgänge an verschiedenen Meßstellen in der Übergangszone beim Schweißen eines 82 mm starken Bleches bei verdeckter Lichtbogen-Schmelzschweißung mit einfachem Kopf dar. Die aufgeschmolzene und die über A_3 erwärmte Übergangszone sowie die Lage der einzelnen Meßstellen sind in der eingefügten Skizze zu erkennen. Die Abkühlungsvorgänge unterscheiden sich hinsichtlich der interessierenden Abkühlungsgeschwindigkeit unterhalb A_3 bzw. der Abkühlungszeit in dem Temperaturbereich von A_3 bis $500°$, der für den Ablauf der Umwandlungen entscheidende Bedeutung hat, nicht wesentlich. (Diese Abkühlungszeiten können aus den kontinuierlichen ZTU-Schaubildern unmittelbar abgelesen werden). Die Abkühlungszeit nimmt zur Schmelze hin zu und erreicht zum Grundwerkstoff hin etwa bei der Meßstelle 2 ein Minimum mit 16 min. Aus Gefüge und Härte läßt sich bestimmen, daß die Abkühlungszeit in der Mitte der aufgeschmolzenen Zone wieder ein Maximum erreicht, welches bei etwa

Forschungsberichte des Wirtschafts- und Verkehrsministeriums Nordrhein-Westfalen

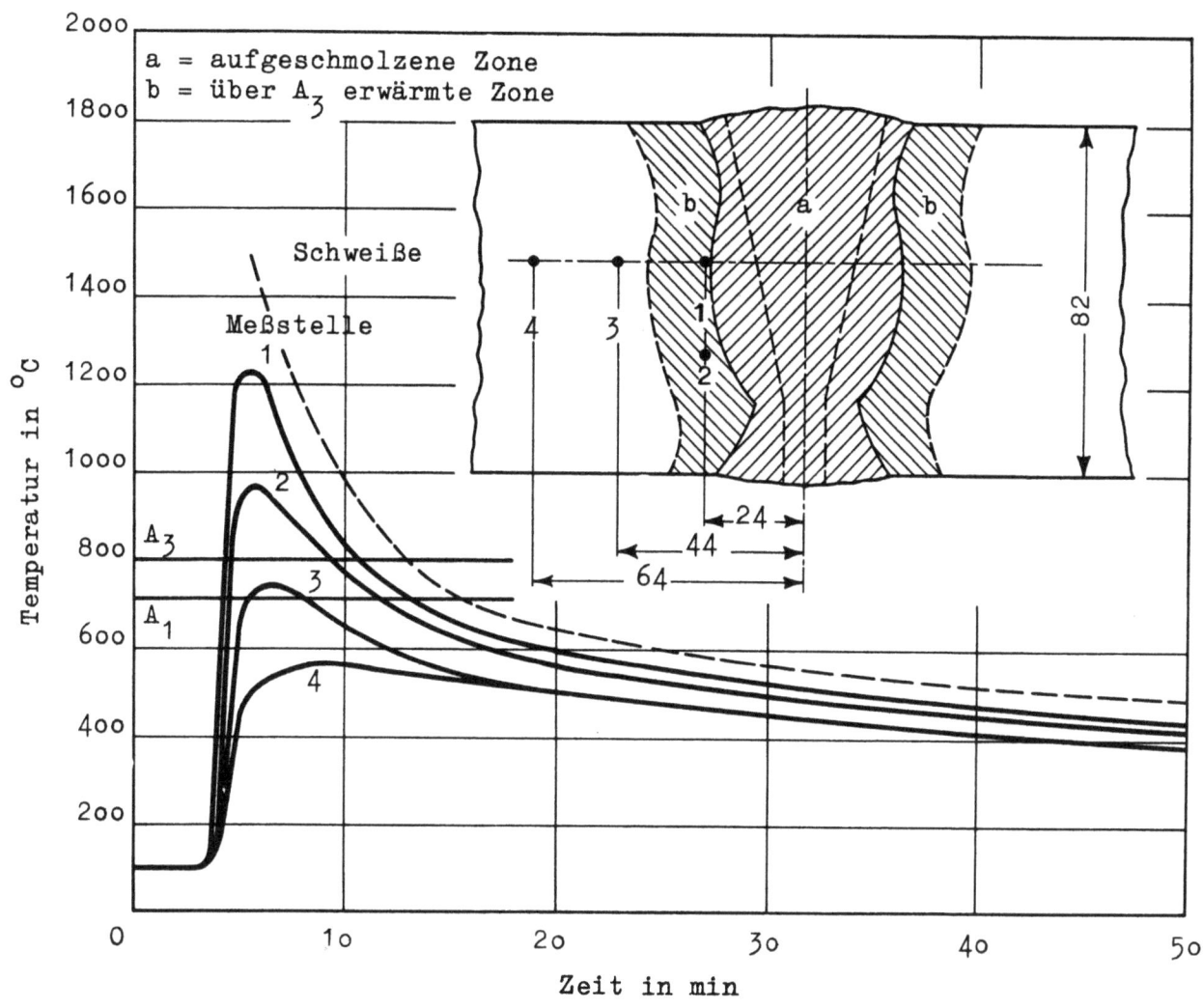

Abbildung 1
Temperaturverlauf bei verdeckter Lichtbogenschweißung
an 82-mm-Blech (einfacher Kopf)

40 min liegt. Dieses Bild ändert sich nur unwesentlich, wenn das gleiche Blech im Doppelkopfverfahren geschweißt wird (Abb. 2). Das Einbringen der größeren Wärmemenge zeigt sich in der Vergrößerung des aufgeschmolzenen Bereiches. Die Abkühlungszeit entsprechender Meßpunkte ist etwas größer; sie beträgt für den Meßpunkt 2 etwa 21 min. Die Abkühlung des Meßpunktes 1 ist mit 25 min verhältnismäßig schnell, weil die Schlacke entfernt wurde und die Meßstelle nahe der Oberfläche liegt.

Mit abnehmender Blechdicke bis auf 50 mm fällt die Abkühlungszeit an der am schnellsten abkühlenden Stelle bereits bis auf weniger als 100 s. Die Auswertung erfolgte aus Gefüge und Härte.

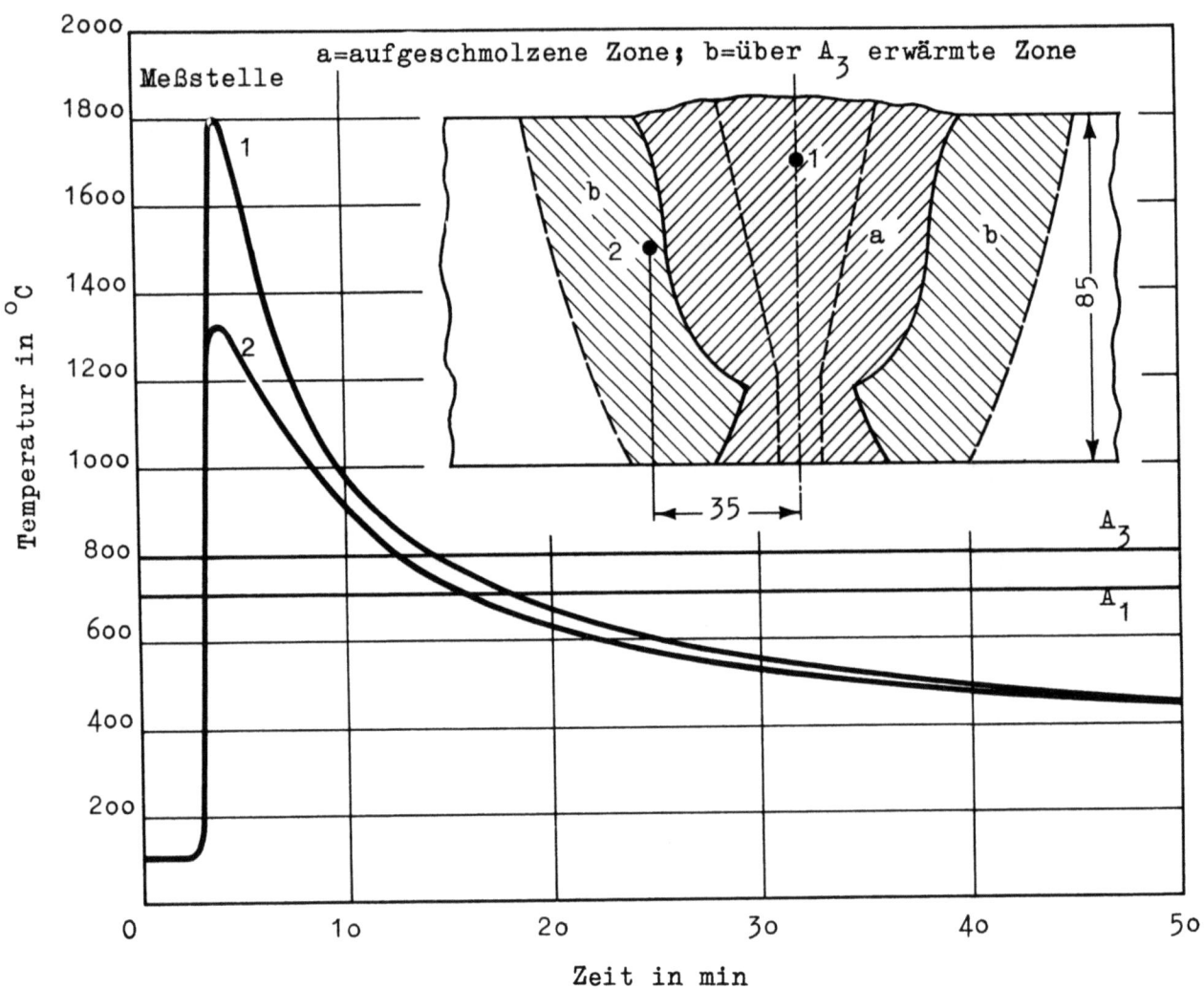

Abbildung 2

Temperaturverlauf bei verdeckter Lichtbogenschweißung
an 85-mm-Blech (Doppelkopf)

An einem Blech von 12,5 mm Dicke liegen Messungen bei Lichtbogen-Schmelzschweißungen von E.F. NIPPES und W.F. SAVAGE[7] vor (Abb. 3). Die kürzesten Abkühlungszeiten in der Übergangszone betragen hier etwa 50 s.

Bei Mehrlagen-Handschweißungen, die an Blechen von 10 mm Dicke durchgeführt wurden, waren die Übergangszonen außerordentlich schmal. Sie umfaßten einen Bereich von etwa 1 mm Dicke. Die Abkühlungszeiten von A_3 bis 500° lagen nach der Gefügeauswertung und Härte in der gleichen Größenordnung wie beim 12,5 mm-Blech.

Diese wenn auch lückenhaften Ergebnisse der Bestimmung von Abkühlungsvorgängen in der Übergangszone einer Schweißnaht zeigen, daß die auftretenden

Forschungsberichte des Wirtschafts- und Verkehrsministeriums Nordrhein-Westfalen

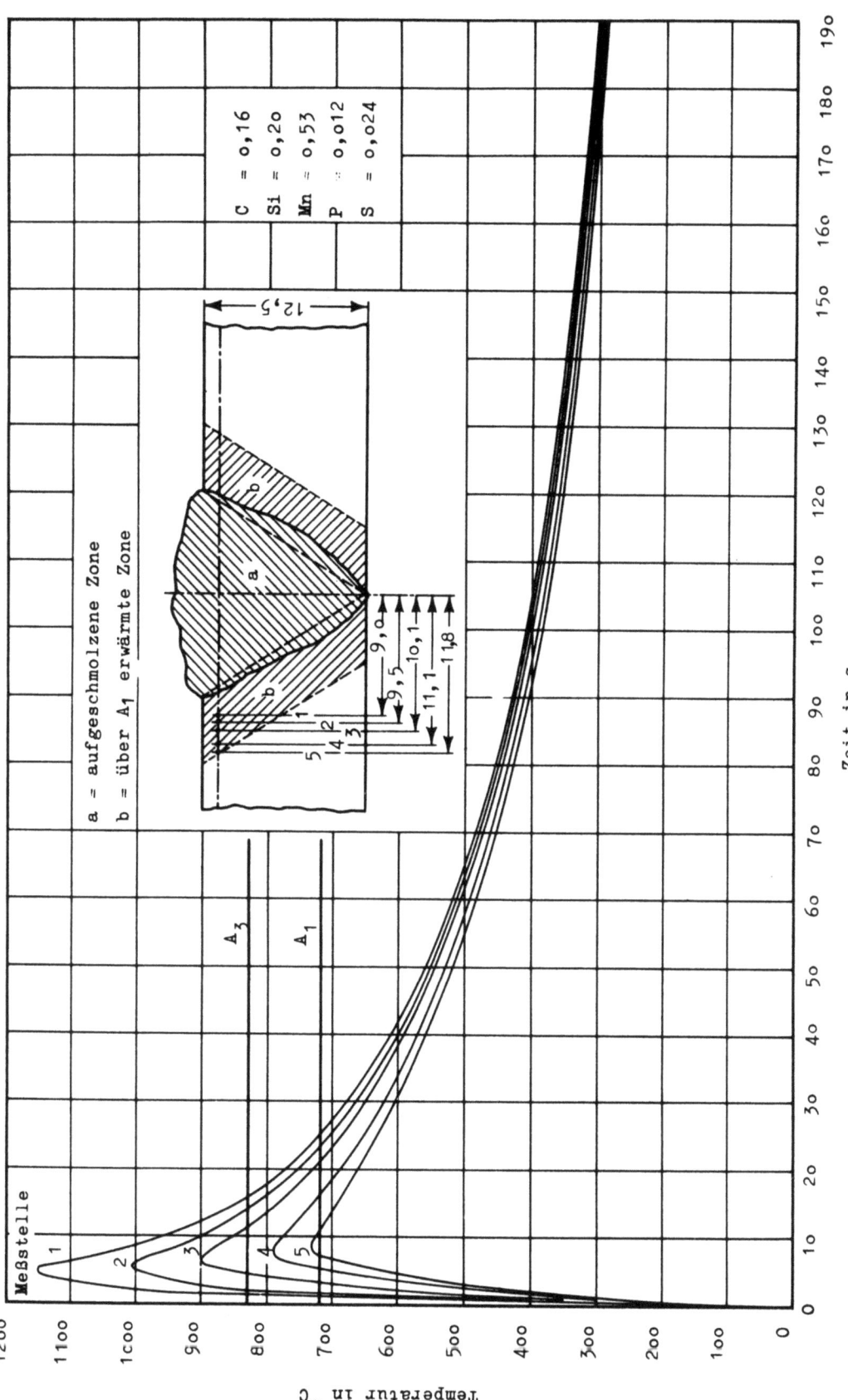

Abbildung 3

Zeit-Temperatur-Verlauf an verschiedenen Meßpunkten innerhalb der Übergangszone einer 12,5-mm-Platte bei Lichtbogenschweißung (nach E.F. NIPPES und W.F. SAVAGE)

Forschungsberichte des Wirtschafts- und Verkehrsministeriums Nordrhein-Westfalen

Abkühlungszeiten je nach den Werkstückabmessungen und den dadurch bedingten Wärmeableitungsverhältnissen sowie nach den Arbeitsbedingungen außerordentlich verschieden sein können. Die schnellste Abkühlung kann bei dünnen Blechen wenige Sekunden betragen, sie kann aber bei dicken Blechen auch 1000 s überschreiten.

4. Abkühlungsvorgänge beim Schweißen und bei der Wärmebehandlung in Beziehung zu den kontinuierlichen Schaubildern einiger Schweißstähle

Mit diesen Unterlagen kann nunmehr die Aufgabe in Angriff genommen werden, aus den ZTU-Schaubildern für kontinuierliche Abkühlung der Stähle Aussagen zu gewinnen über die Neigung zur Martensitbildung und damit über die Rißanfälligkeit. Es ist dazu nur notwendig, die Abkühlungsvorgänge beim Schweißen, wie sie oben ermittelt wurden, in das Schaubild für kontinuierliche Abkühlung des zu beurteilenden Stahles einzutragen. Es genügt dabei, lediglich die schnellsten Abkühlungsvorgänge in der Übergangszone zur Beurteilung heranzuziehen. In jedem Fall wird sofort abzulesen sein, wie groß die Gefahr einer Martensitbildung und damit die des Auftretens von Härtungsrissen ist.

Durch Eintragen der bei der üblichen Wärmebehandlung während der Verarbeitung auftretenden Abkühlungsvorgänge der zu schweißenden Bleche oder Trommeln in die ZTU-Bilder kann auch die Art, Zusammensetzung und Härte des zu erwartenden Umwandlungsgefüges des Grundwerkstoffes ermittelt werden. Das gibt weiter die Möglichkeit zu beurteilen, welche Festigkeitseigenschaften nach den verschiedenen Abkühlungen und möglicherweise nach einem Anlassen zu erreichen sind. Im Gefüge, das sich beim Abkühlen durch Umwandlung des Austenits bildet, können Ferrit, Perlit, Zwischenstufe und Martensit auftreten. Die Anteile dieser Gefügebestandteile hängen von der Stahlzusammensetzung und der Abkühlungsgeschwindigkeit ab. Durch Anlassen von Ferrit oder Perlit sind keine nennenswerte Verbesserungen der Festigkeitseigenschaften zu erzielen. Beim Anlassen des Zwischenstufengefüges kann dagegen in ähnlicher Weise wie beim Martensit ein Zerfall des Gefüges eintreten, der zu Karbideinlagerungen führt, die durch Erhöhung der Gleithemmung die Festigkeitseigenschaften verbessern.

Bei Stählen, die unter den gegebenen Abkühlungsbedingungen Perlit bilden, kann man eine gewisse Verbesserung nur dadurch erreichen, daß man die Perlitumwandlung zu tieferen Temperaturen hin verlagert, und damit die

Gefügeausbildung oder im gleichen Sinne die Karbidverteilung feiner macht. Dieser Vorgang wird entweder durch beschleunigte Abkühlung oder, wie beim St 52, durch Erhöhen des Gehalts an Legierungsbestandteilen, in diesem Falle an Mangan und Silizium, herbeigeführt. Aber die hierdurch erzielte Verbesserung entspricht bei weitem nicht derjenigen, die durch Martensit oder Zwischenstufengefüge erreicht wird. Das ZTU-Bild gibt also die Möglichkeit, bei bekannten Abkühlungsgeschwindigkeiten die zu erwartenden Festigkeitseigenschaften und die Schweißbarkeit in etwa voraussagen zu können. Je höher der Gehalt an Martensit und Zwischenstufengefüge ist, desto höhere Festigkeitseigenschaften sind nach Anlassen zu erreichen. Je kleiner aber der Anteil an Martensit ist, desto geringer ist die Anfälligkeit zur Rißbildung. Diese letzte Tatsache erklärt sich daraus, daß die erhebliche Volumenzunahme der Martensitbildung bei Temperaturen unterhalb 350°, also in einem Gebiet, in dem der Stahl geringe Zähigkeit hat, stattfindet, während die Zwischenstufenbildung um 500° vor sich geht, einer Temperatur, bei der alle durch Volumenvergrößerung entstehenden Spannungen sofort abgebaut werden und deshalb nicht zur Rißbildung führen können. Nach diesen Blickpunkten sollen die ZTU-Bilder einiger schweißbarer Stähle besprochen werden.

Abbildung 4 gibt das ZTU-Schaubild des Stahles 16 Mn 3 wieder. In dieses Bild sind die kennzeichnenden Abkühlungskurven für die Schweißzone eines 12,5 mm und 82 mm dicken Bleches eingetragen. In beiden Fällen verläuft die Umwandlung in der Perlitstufe und führt zu einem Gefüge, das aus 90 % Ferrit und 10 % Perlit besteht. Auch die Luftabkühlung von Blechen mit einer Wanddicke von etwa 70 mm (Abkühlungsverlauf O) führt zu reiner Ferrit-Perlit-Bildung. Da der Kohlenstoffgehalt des Stahles 16 Mn 3 unter 0,20 % liegt und die Umwandlung in der Perlitstufe oberhalb 600° stattfindet, ist ein solcher Stahl als gut schweißbar zu bezeichnen. Rißbildungen infolge von Umwandlungsspannungen können nicht auftreten. Beim Stahl 19 Mn 5 (Abb. 5) wird das Gebiet der Zwischenstufe und Martensitstufe durch den etwas höheren Legierungsgehalt bereits so weit zu längeren Zeiten verschoben, daß die Grenze dieses Gebietes gegen die vollständige Perlitbildung an die Abkühlungskurve des 12,5-mm-Bleches heranrückt. Eine merkliche Martensitbildung dürfte jedoch noch nicht eintreten. Die Abkühlung der Schweißzone eines 82-mm-Bleches liegt ebenso wie die Luftabkühlung von Blechen mit 70 mm Wandstärke immer noch weit im

Forschungsberichte des Wirtschafts- und Verkehrsministeriums Nordrhein-Westfalen

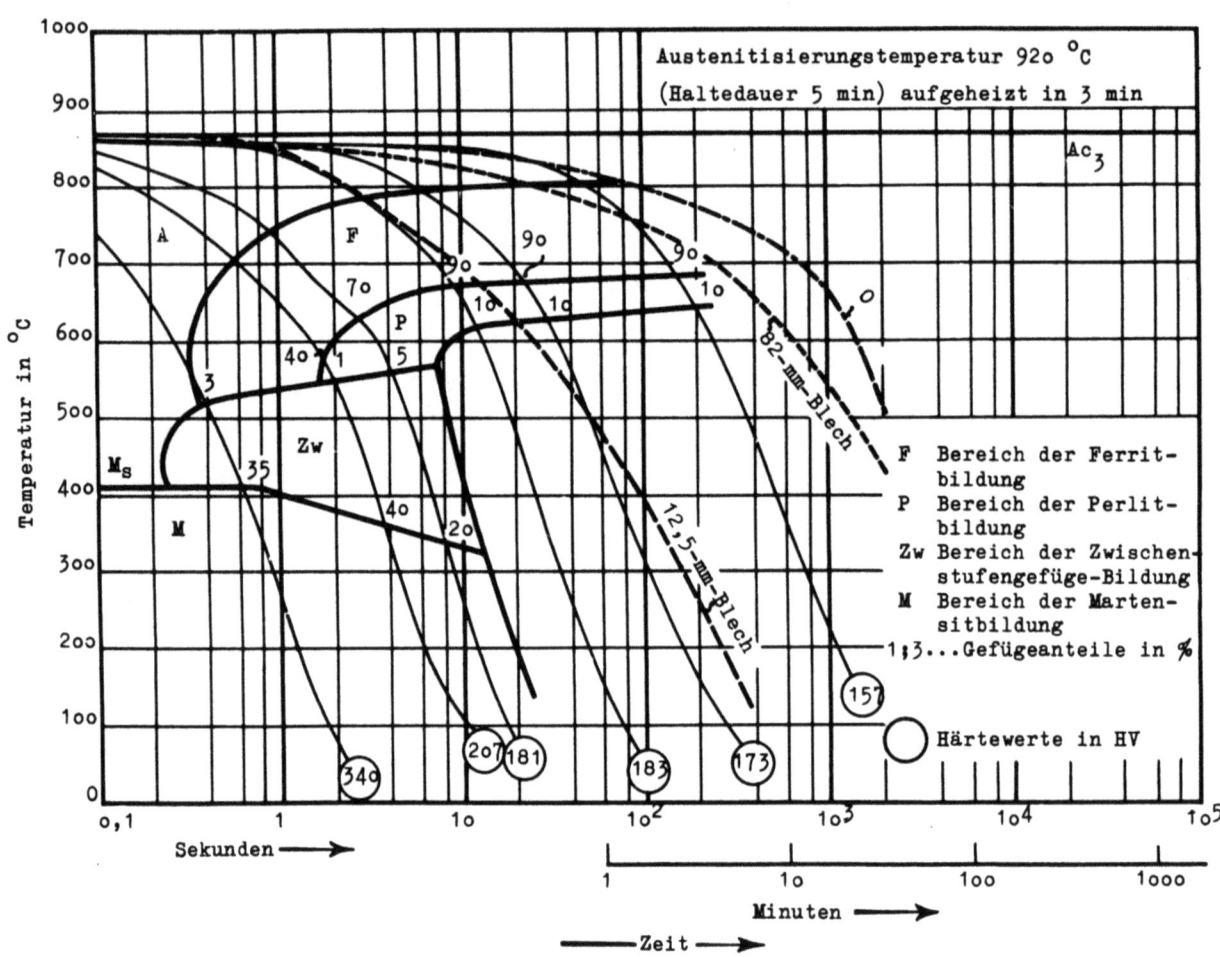

A b b i l d u n g   4

ZTU-Schaubild für kontinuierliche Abkühlung des Stahles 16 Mn 3
mit Abkühlungskurven verschiedener Schweiß- (----) und
Wärmebehandlungs- (-.-.-.-) Vorgänge

Gebiet der Ferrit-Perlit-Bildung. Unter den vorliegenden Bedingungen ist auch der Stahl 19 Mn 5 als gut schweißbar anzusehen und mit einer Gefährdung geschweißter Bauteile durch Rißbildung infolge von Umwandlungsspannungen nicht zu rechnen. Kritisch werden jedoch die Verhältnisse, wenn die Schweißung unter Bedingungen durchgeführt wird, bei denen in der Übergangszone Abkühlungszeiten von wenigen Sekunden erreicht werden. Das ist, wie bereits erwähnt, bei dünnen Blechen der Fall. Bei einer Abkühlungszeit von 4 sec, bezogen auf den Bereich von Ac_3 bis 500°, wandelt der Stahl 19 Mn 5 bereits zu 60 % in der Martensitstufe um, neben 10 % Ferrit und 30 % Zwischenstufengefüge. Bei diesen Martensitmengen ist die Neigung

Forschungsberichte des Wirtschafts- und Verkehrsministeriums Nordrhein-Westfalen

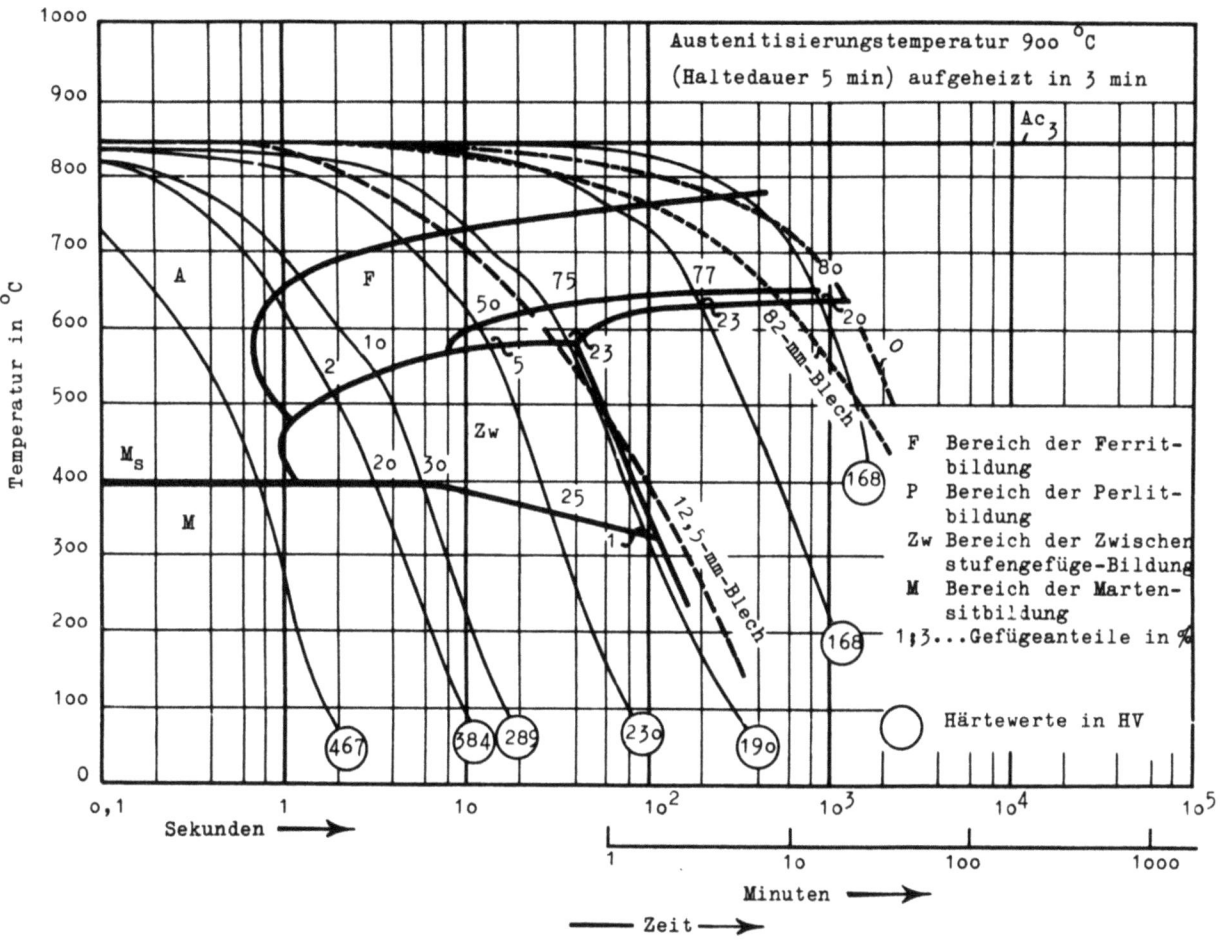

Abbildung 5

ZTU-Schaubild für kontinuierliche Abkühlung des Stahles 19 Mn 5
mit Abkühlungskurven verschiedener Schweiß- (----) und
Wärmebehandlungs- (-.-.-.-) Vorgänge

zur Bildung von Rissen groß. Diese Gefahr kann allerdings durch Zugabe von Aluminium zum Stahl verringert werden, da hierdurch die Umwandlungsneigung in der Perlitstufe erhöht wird. Beim Stahl 16 Mn 3 wird bei der gleichen Abkühlungszeit nur 5 % Martensit gebildet, bei 70 % Ferrit, 5 % Perlit und 20 % Zwischenstufengefüge. Rißbildungen dürften hier noch nicht auftreten. Unter diesen verschärften Bedingungen unterscheiden sich also die beiden Stähle erheblich.

In Abbildung 6 ist das Umwandlungsschaubild des Stahles 25 CrMo 4 wiedergegeben. In dieses Bild sind ebenfalls die Abkühlungskurven der Schweiße eines 12,5- und eines 82 mm-Bleches eingezeichnet. Auf Grund seines Kohlen-

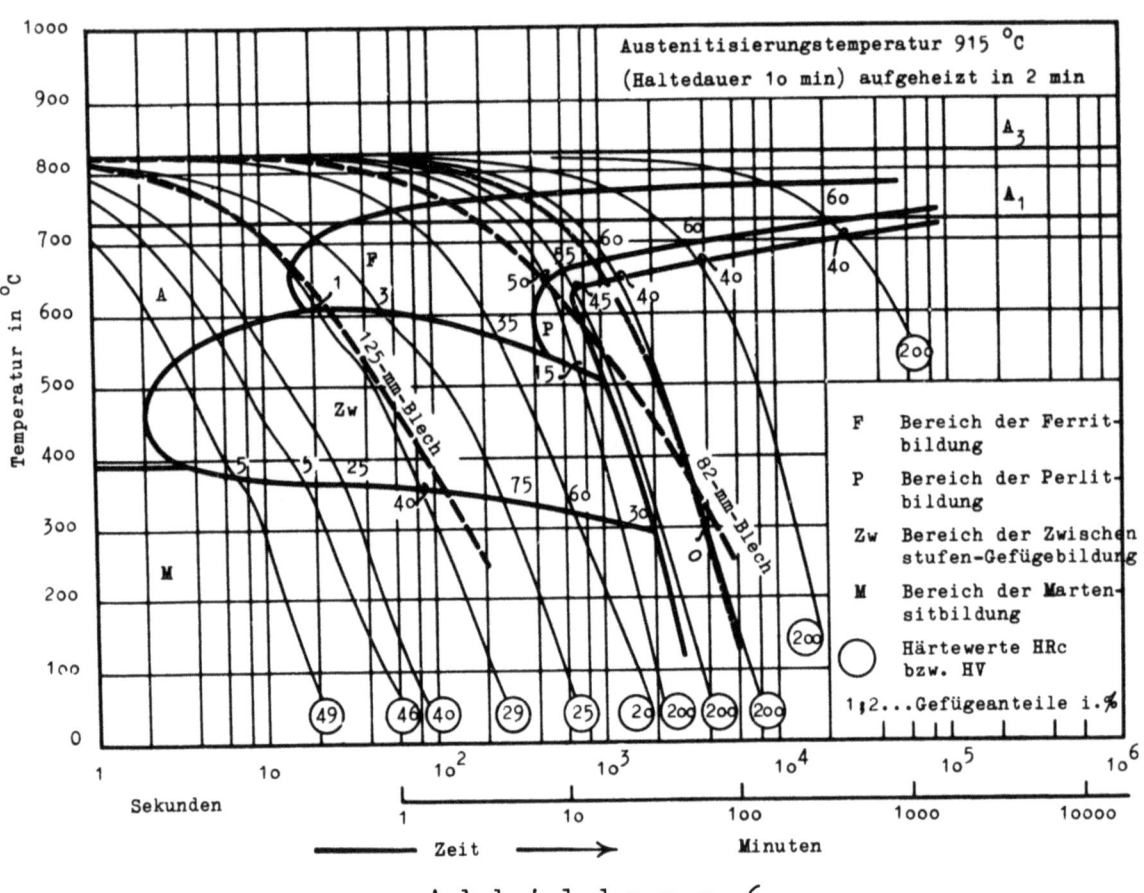

Abbildung 6

ZTU-Schaubild für kontinuierliche Abkühlung des Stahles 25 CrMo 4
mit Abkühlungskurven verschiedener Schweiß- (----) und
Wärmebehandlungs- (-.-.-.-) Vorgänge

stoffgehaltes von 0,22 % müßte der untersuchte Stahl eigentlich noch als schweißbar angesehen werden. Es ist aber aus dem Bild zu entnehmen, daß beim 12,5 mm-Blech in der Schweißzone ein Gefüge entsteht, das neben 40 % Zwischenstufe und 1 % Ferrit bereits 59 % Martensit aufweist. Man nähert sich hier bereits der Grenze, bei der man unter Umständen, vor allen Dingen bei noch dünneren Blechen, die in der Schweiße schneller abkühlen, mit Rißbildungen rechnen muß. Der Martensitgehalt steigt z.B. bei der voraufgehenden Abkühlungskurve bereits auf 75 % an. Bei der Schweißung eines 82 mm-Bleches ist diese Gefahr nicht gegeben. Hier besteht das Gefüge aus annähernd gleichen Anteilen Ferrit und Perlit. Ein ähnliches Gefüge mit 60 % Ferrit und 40 % Perlit ist auch bei Luftabkühlung eines dickwandigen Bleches oder einer Trommel (Vorgang O) zu erwarten. Die Festigkeitseigenschaften derartig behandelter Werkstücke dürften deshalb auch kaum über denen eines Stahles St 52 liegen. Das besagt nichts anderes als die bekannte Tatsache, daß die Verwendung der Vergütungsstähle nur dann sinnvoll ist, wenn sie einer beschleunigten Abkühlung unterworfen werden. Die erzielbaren Festigkeitseigenschaften nach dem Anlassen sind um so besser, je größer der Martensitanteil vorher war. Dies schließt aber andererseits die Schweißbarkeit wieder aus.

So war die Schweißtechnik bisher lange Zeit auf Spitzenstähle von der Art des Stahles St 52 angewiesen. Bei diesen Stählen werden durch Erhöhung des Mangan- und Siliziumgehaltes, bei dickeren Blechen auch durch Zulegieren geringer Mengen Chrom, Werte für die Zugfestigkeit von 52 bis 60 kg/mm^2 und durch Verlagerung der Perlitumwandlung zu tieferen Temperaturen Werte für die Streckgrenze von 34 bis 36 kg/mm^2 je nach Wanddicke erreicht. Bei der für Hochdrucktrommeln von Dampfkraftwerken meist maßgebenden Temperatur von 350° kommt man zu Streckgrenzenwerten von 23 bis 25 kg/mm^2. In vielen Fällen wird aber die Forderung nach höher belastbaren Stählen gestellt. Vor allem verlangen der Dampfkesselbau und die chemische Industrie für Hochdrucktrommeln Stähle, die bei erhöhter Temperatur eine hohe Warmstreckgrenze aufweisen. Aus dieser Sachlage heraus ist versucht worden, die Festigkeitseigenschaften auf anderem Wege, z.B. durch Ausscheidung von Kupfer, zu verbessern. Derartig legierte Stähle müssen außer mit rd. 1 % Cu noch zusätzlich mit etwa der gleichen Menge Nickel versehen werden, um die Rotbrüchigkeit zu verhindern.

Das Umwandlungsverhalten eines Kupfer-Nickel-Stahles zeigt Abbildung 7. Es ähnelt dem des Stahles 25 CrMo 4. Die kritische Abkühlungsgeschwindigkeit ist jedoch etwas größer; und vor allem tritt die Ferrit- und Perlitbildung bereits bei wesentlich höheren Geschwindigkeiten auf. Dadurch sind die Martensitmengen bei den in Frage kommenden Abkühlungsvorgängen bedeutend geringer. Bei dem Kupfer-Nickel-Stahl würde der schnellste Abkühlungsvorgang in der Schweißzone eines 12,5 mm-Bleches zu einer Martensitmenge von nur rd. 12 % führen gegenüber 59 % bei dem Stahl 25 CrMo 4. In der Schweiße des 82 mm-Bleches wird weder Zwischenstufengefüge noch Martensit auftreten. In das Bild ist außerdem noch die Abkühlungskurve eingetragen, die sich nach üblichem Normalglühen, d.h. bei Luftabkühlung von Normalglühtemperatur, eines Rundstabes von 25 mm Dmr. (Bezeichnung L) ergibt. Ferner ist unter der Bezeichnung O die Abkühlungskurve für Luftabkühlung

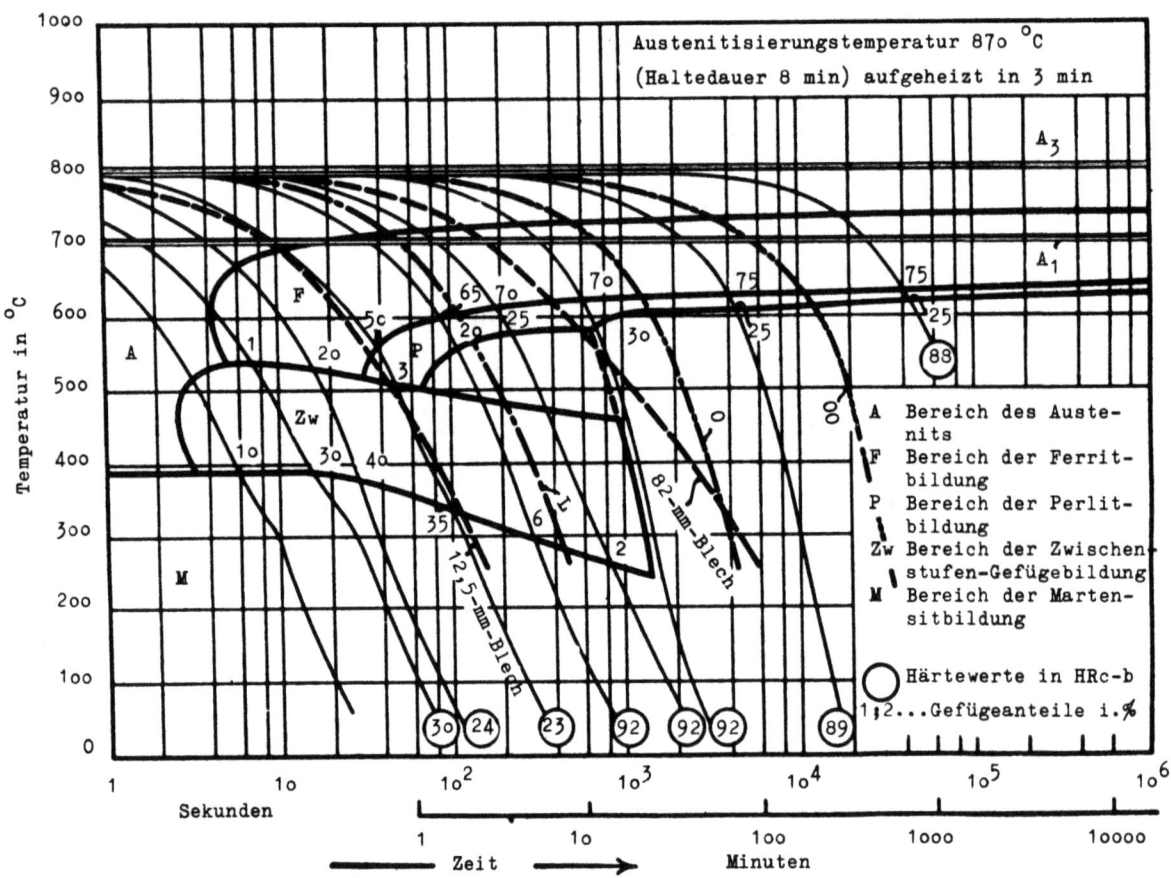

Abbildung 7

ZTU-Schaubild für kontinuierliche Abkühlung eines Cu-Ni-Stahles
mit Abkühlungskurven verschiedener Schweiß- (----) und
Wärmebehandlungs- (-.-.-.-) Vorgänge

einer Trommel von rd. 70 mm Wanddicke eingetragen sowie unter der Bezeichnung 00 die Abkühlungskurve für die Abkühlung einer solchen Trommel im Ofen. Bei dem Rundstab würde das Gefüge aus 65 % Ferrit, 20 % Perlit, 6 % Zwischenstufengefüge und nur 9 % Martensit bestehen. Bei den dickwandigen Behältern bildet sich nur Ferrit und Perlit. Bei Kohlenstoffgehalten von weniger als 0,20 % sind die Kupfer-Nickel-Stähle gut schweißbar. Das Streckgrenzenverhältnis liegt höher als bei den Mangan-Silizium-Stählen, und es kann eine Warmstreckgrenze bei 350° von 27 bis 30 kg/mm² erreicht werden. Diese Verbesserung beruht auf der Ausscheidung des im Überschuß gelösten Kupfers. Das ist zwar ein wesentlicher Fortschritt, jedoch werden die Eigenschaften der Vergütungsstähle noch nicht erreicht.

Forschungsberichte des Wirtschafts- und Verkehrsministeriums Nordrhein-Westfalen

Bei nichtschweißbaren Vergütungsstählen auf der Grundlage Chrom-Nickel-Molybdän mit Zugfestigkeiten von 55 bis 65 kg/mm^2 erreicht man nach Ölvergütung Streckgrenzenwerte von mehr als 40 kg/mm^2 bei 20° und mehr als 30 kg/mm^2 bei 350°. Will man diesen Werten näherkommen und höher belastbare schweißbare Stähle entwickeln, die ohne Abschreckbehandlung an die Werte der Vergütungsstähle herankommen, so müssen neue Wege eingeschlagen werden. Eine gute Schweißbarkeit setzt voraus, daß die Martensitbildung so weit unterbunden wird, daß keine wesentlichen Spannungen, die zu Rissen führen, auftreten können. Nach dem bisherigen Stande der Entwicklung schweißbarer Stähle konnte diese Gefahr nur dadurch umgangen werden, daß die Umwandlung in die Ferrit- und Perlitstufe gelegt wurde. Es lag nun nahe, zu untersuchen, wie sich in dieser Beziehung eine Umwandlung in der Zwischenstufe verhält. Zwischenstufenumwandlung tritt im allgemeinen zwischen 500 und 400° auf. Bei diesen Temperaturen ist die Warmstreckgrenze bereits so weit erniedrigt, daß die durch Volumenvergrößerung bei der Umwandlung entstehenden Spannungen abgebaut werden und daher Schweißrisse nicht auftreten können. Hinzu kommt, daß Volumenänderungen bei der Umwandlung in der Zwischenstufe geringer sind und mit wesentlich kleinerer Geschwindigkeit eintreten als bei der Martensitumwandlung. All dies sollte darauf hinwirken, daß Stähle, die bei den schnellen Abkühlungsvorgängen in der Übergangszone von Schweißen vorwiegend in der Zwischenstufe umwandeln, gut schweißbar sind. Durch Festigkeitsuntersuchungen ist bekannt, daß sich durch eine Umwandlung in der Zwischenstufe mit nachfolgendem Anlassen auch für den Grundwerkstoff Festigkeitseigenschaften erzielen lassen, die denen der Vergütungsstähle nahekommen.

Es ist nun, wie aus einer Untersuchung von A. ROSE und W. STRASSBURG[3] hervorgeht, nicht schwierig, Stähle zu finden, die sich bei den Abkühlungsgeschwindigkeiten, wie sie in der Übergangszone auftreten, selbst bei 12,5 mm-Blechen vorwiegend in der Zwischenstufe umwandeln. Es ist andererseits aber auch erwünscht, wenn nicht sogar erforderlich, daß Schweiße und Grundwerkstoff möglichst gleiche Gefügezustände und vor allem gleiche Festigkeitseigenschaften haben. Gleichen Gefügestand sowohl bei der schnellen Abkühlung in der Übergangszone beim Schweißen als auch nach dem Abkühlen aus der Walzhitze oder nach einem Vorgang wie dem einer Normalglühung dieser Bleche erzielen zu wollen, erscheint aber nach der in der oben erwähnten Arbeit[3] gegebenen Zusammenstellung von Baustählen nahezu aussichtslos. Der Bereich der Abkühlungsgeschwindigkeiten, bei denen

Zwischenstufengefüge in genügend großen Mengen entsteht, ist bei den bisher bekannten Stählen verhältnismäßig schmal. Daher ist in allen Fällen eine genau geregelte Abschreckbehandlung des gesamten geschweißten Bauteiles notwendig, wenn ein derartiges Zwischenstufengefüge erreicht werden soll. Eine solche Behandlung ist praktisch nur unter Aufwendung hoher Kosten durchzuführen, die eine wirtschaftliche Fertigung in Frage stellen; bei Schweißkonstruktionen ist sie meist überhaupt nicht durchführbar.

Die Entwicklung hochbelastbarer schweißbarer Stähle scheint also nur dann einen Schritt in der angegebenen Richtung weiterzukommen, wenn es gelingt, Stahllegierungen zu finden, die die folgenden zwei Forderungen erfüllen:

1. Zwischenstufengefügebildung bei den hohen Abkühlungsgeschwindigkeiten in der Schweißzone zur Vermeidung von Schweißrissigkeit;
2. Zwischenstufengefügebildung bei langsamer Abkühlung nach Normalglühen zur Erzielung hoher Festigkeitseigenschaften im Grundwerkstoff.

In Weiterentwicklung der Kupfer-Nickel-Stähle konnte festgestellt werden, daß diese Stähle die oben aufgestellten zwei Forderungen dann annähernd erfüllen, wenn Molybdän in Gehalten von mehr als 0,10 % und Spuren bestimmter Karbidbildner zugesetzt werden und wenn man den Kohlenstoff-, Mangan- und Kupfergehalt in einem bestimmten Verhältnis aufeinander abstimmt. Das Umwandlungsbild für kontinuierliche Abkühlung eines derartigen Stahles zeigt Abbildung 8. Es ist überraschend, daß bei diesem Stahl, der bereits bei hohen Abkühlungsgeschwindigkeiten Zwischenstufengefüge neben Martensit bildet, die Perlitstufe so weit zurückgedrängt wird, daß auch nach Abkühlungszeiten von rd. einem Tag neben 70 % Ferrit erst rd. 3 % Perlit und noch 20 % Zwischenstufengefüge auftreten. Dieses Ergebnis bestätigt die Annahme, die bereits in früheren Berichten[8)9)] geäußert wurde, daß die hohen Festigkeitswerte der Kupfer-Nickel-Molybdän-Stähle sowie deren vorzügliche Schweißarbeit darauf zurückzuführen sind, daß die Umwandlung hauptsächlich in der Zwischenstufe erfolgt.

Es ist interessant, dieses Bild mit dem bis auf den Molybdängehalt ähnlich legierten Kupfer-Nickel-Stahl in Abbildung 7 zu vergleichen. Beide Stähle sind in ihrer kritischen Abkühlungsgeschwindigkeit nicht allzu verschieden, und zwar nicht nur in bezug auf den Beginn der Zwischenstufenumwandlung, sondern auch der Ferritbildung. Ganz überraschend ist jedoch, daß im wesentlichen durch den Molybdänzusatz die Perlitbildung um

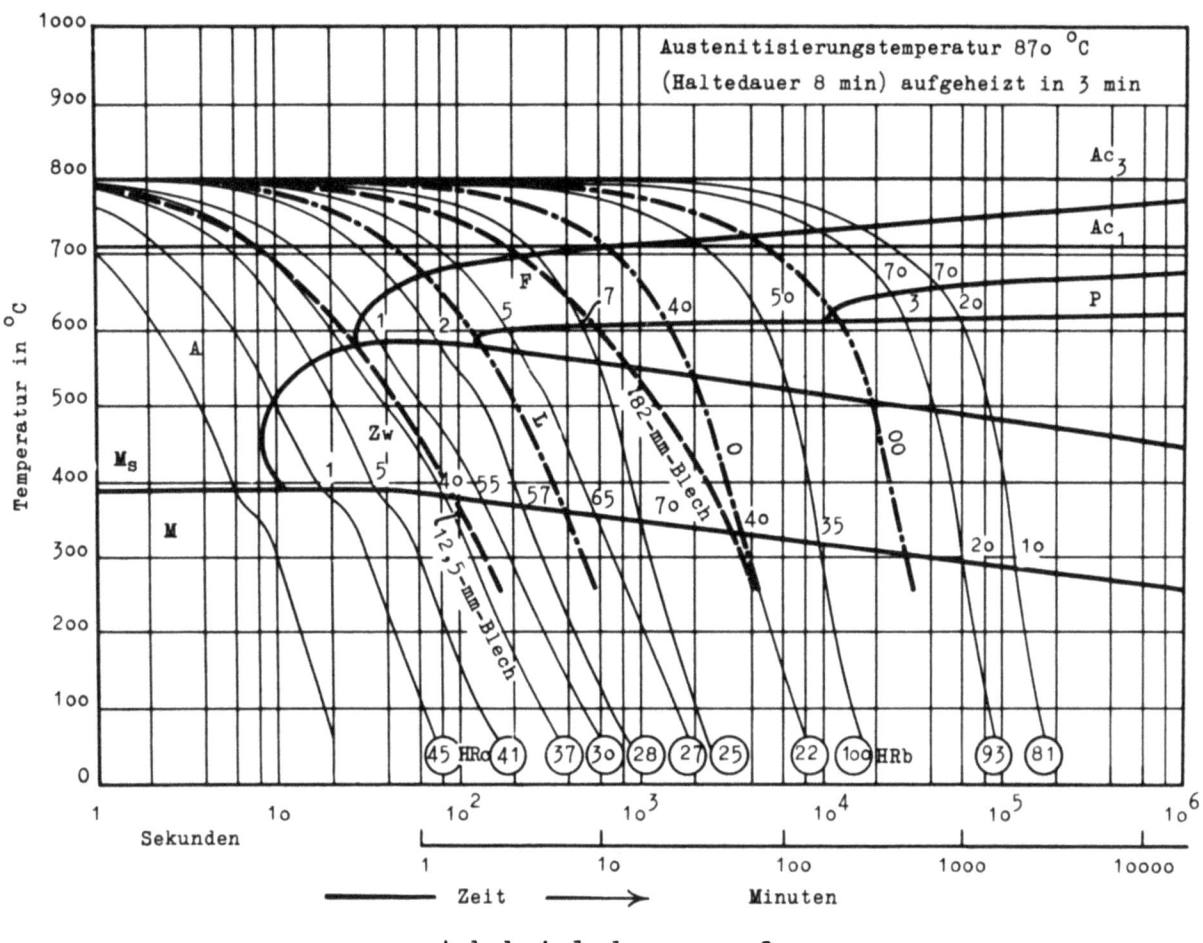

Abbildung 8

ZTU-Schaubild für kontinuierliche Abkühlung eines Kupfer-Nickel-Molybdän-Stahles mit Abkühlungskurven verschiedener Schweiß- (-----) und Wärmebehandlungs- (-.-.-.-) Vorgänge

drei Dezimalen zu längeren Zeiten verschoben wird und damit der Zwischenstufenbereich eine bisher noch bei keinem Stahl beobachtete Ausdehnung erfährt. So wird noch Zwischenstufengefüge in einer Menge von rd. 10 % beobachtet nach der langsamsten im Bilde dargestellten Abkühlung, die über die Dauer von zwei Tagen hinausgeht. Man wird also selbst bei der Luftabkühlung dickwandiger Teile immer einen erheblichen Anteil an Zwischenstufengefüge erhalten. Während z.B. bei einer Dauer der Abkühlung von 800 bis 500° von 1000 s bei dem molybdänfreien Stahl nur 2 % Zwischenstufengefüge auftritt, wird bei dem mit Molybdän legierten Kupfer-Nickel-

Forschungsberichte des Wirtschafts- und Verkehrsministeriums Nordrhein-Westfalen

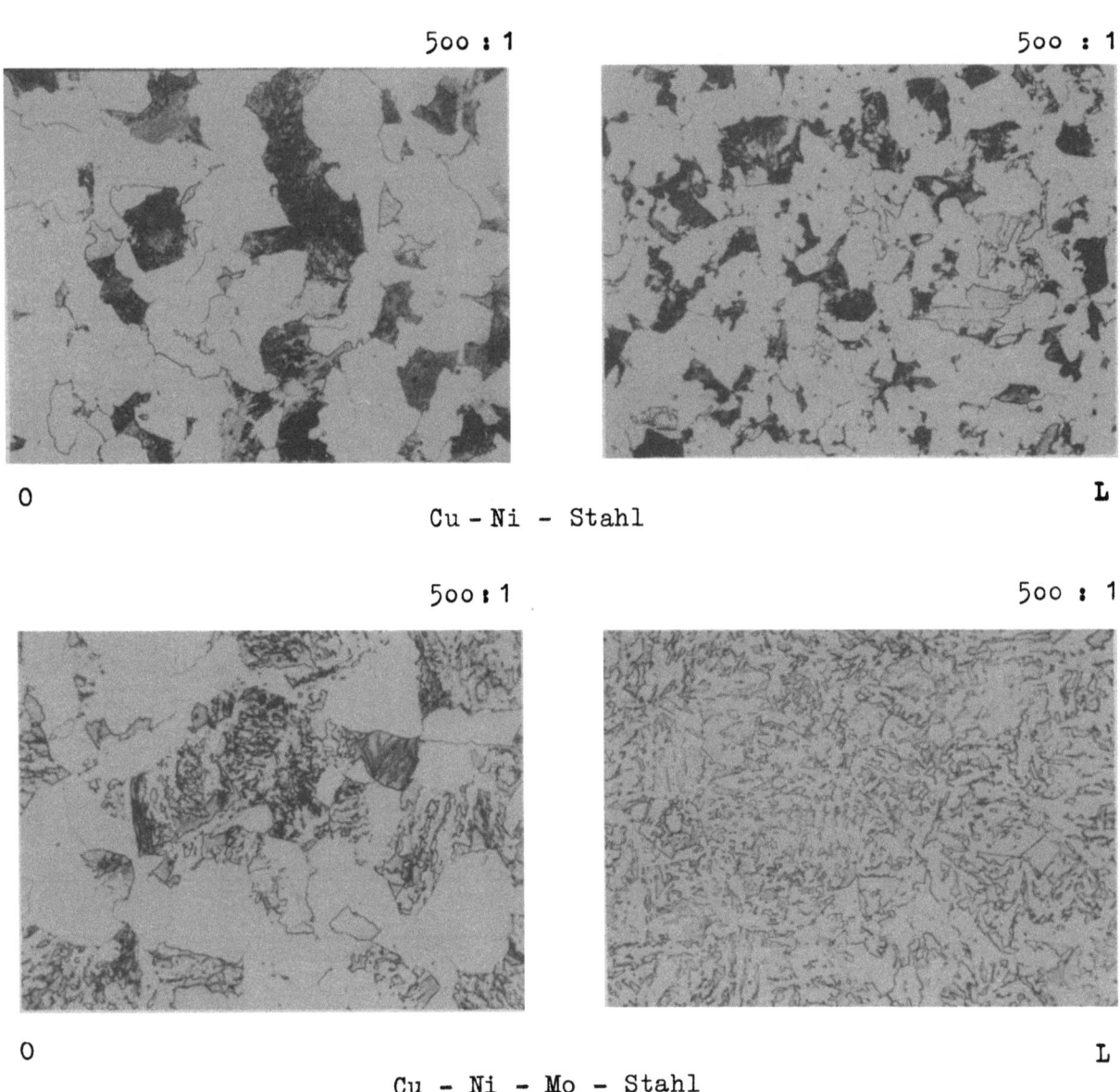

A b b i l d u n g 9
Gefüge von Stählen mit einer hohen Warmstreckgrenze nach
verschiedenartiger Wärmebehandlung

Stahl bei der gleichen Abkühlungsdauer 70 % Zwischenstufengefüge gebildet.
In Abbildung 9 ist in Gefügeaufnahmen das überaus verschiedene Umwandlungsergebnis beider Stähle bei den in die Abbildungen 7 und 8 durch die Abkühlungskurven O und L gekennzeichneten Abkühlungsvorgängen verglichen. Dabei sei daran erinnert, daß die Abkühlungskurve L der Luftabkühlung eines Probestabes mit 25 mm Dmr. und die Abkühlungskurve O der Luftabkühlung einer Trommel mit 70 mm Wanddicke entspricht. Während der Kupfer-Nickel-Stahl bei der Abkühlung O noch rein ferritisch-perlitisches Gefüge

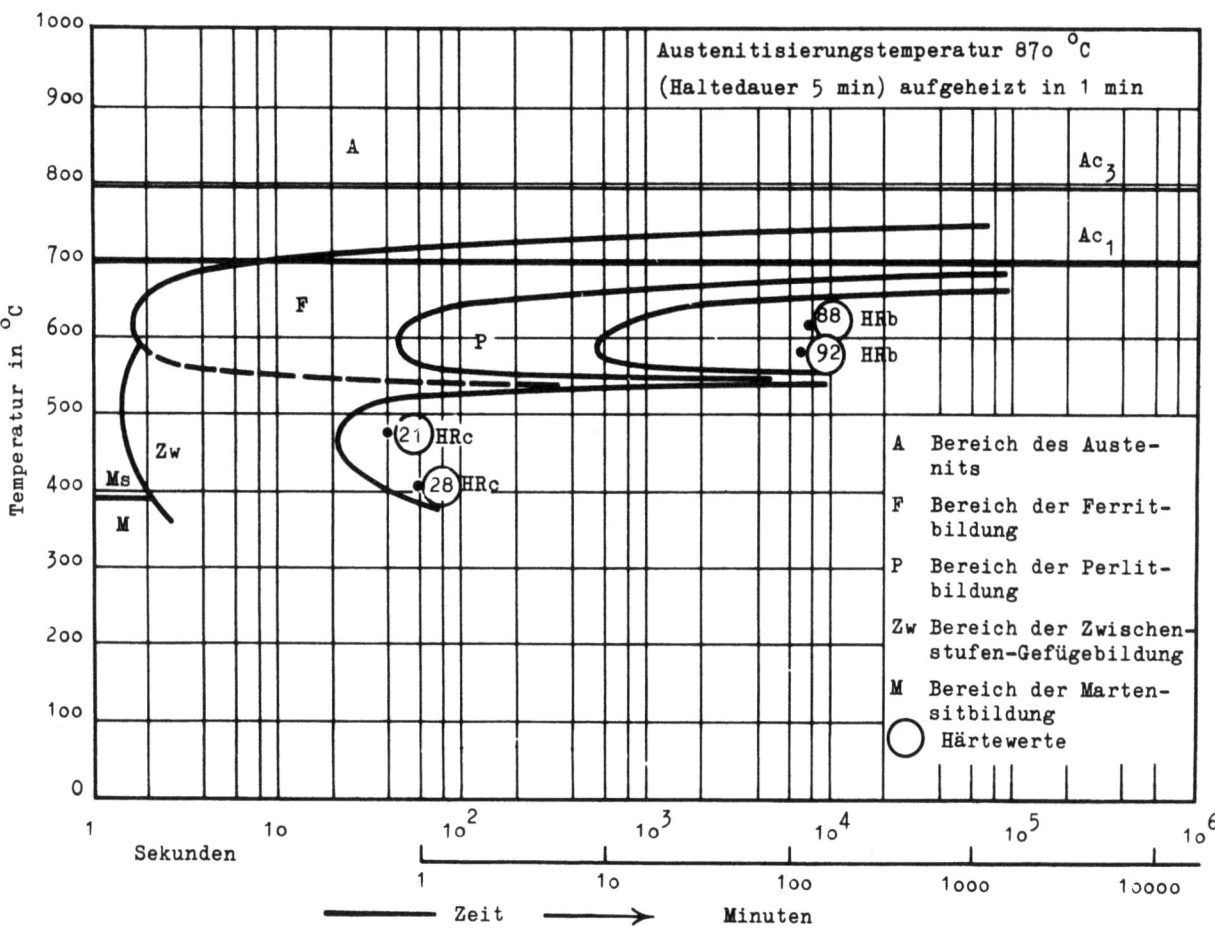

Abbildung 10

ZTU-Schaubild für isothermische Versuchsführung eines Kupfer-Nickel-Stahles

bildet und bei der schnelleren Abkühlung L neben Ferrit und Perlit erst 5 % Zwischenstufengefüge, zeigt der Kupfer-Nickel-Molybdänstahl beim Abkühlungsvorgang O bereits 40 % Zwischenstufengefüge und bei der Abkühlung nach Kurve L über 60 %.

5. Festigkeitseigenschaften hochfester, schweißbarer Baustähle in Beziehung zu ihrem Umwandlungsverhalten

Die isothermischen Umwandlungsbilder der beiden Stähle (Abb. 10 und 11) lassen erkennen, daß im isothermischen Versuch die Anlaufzeiten in der Zwischenstufe bei 500° gleich sind, das Ende der Umwandlung jedoch bei dem Kupfer-Nickel-Stahl bei 20 s, bei dem Kupfer-Nickel-Molybdän-Stahl

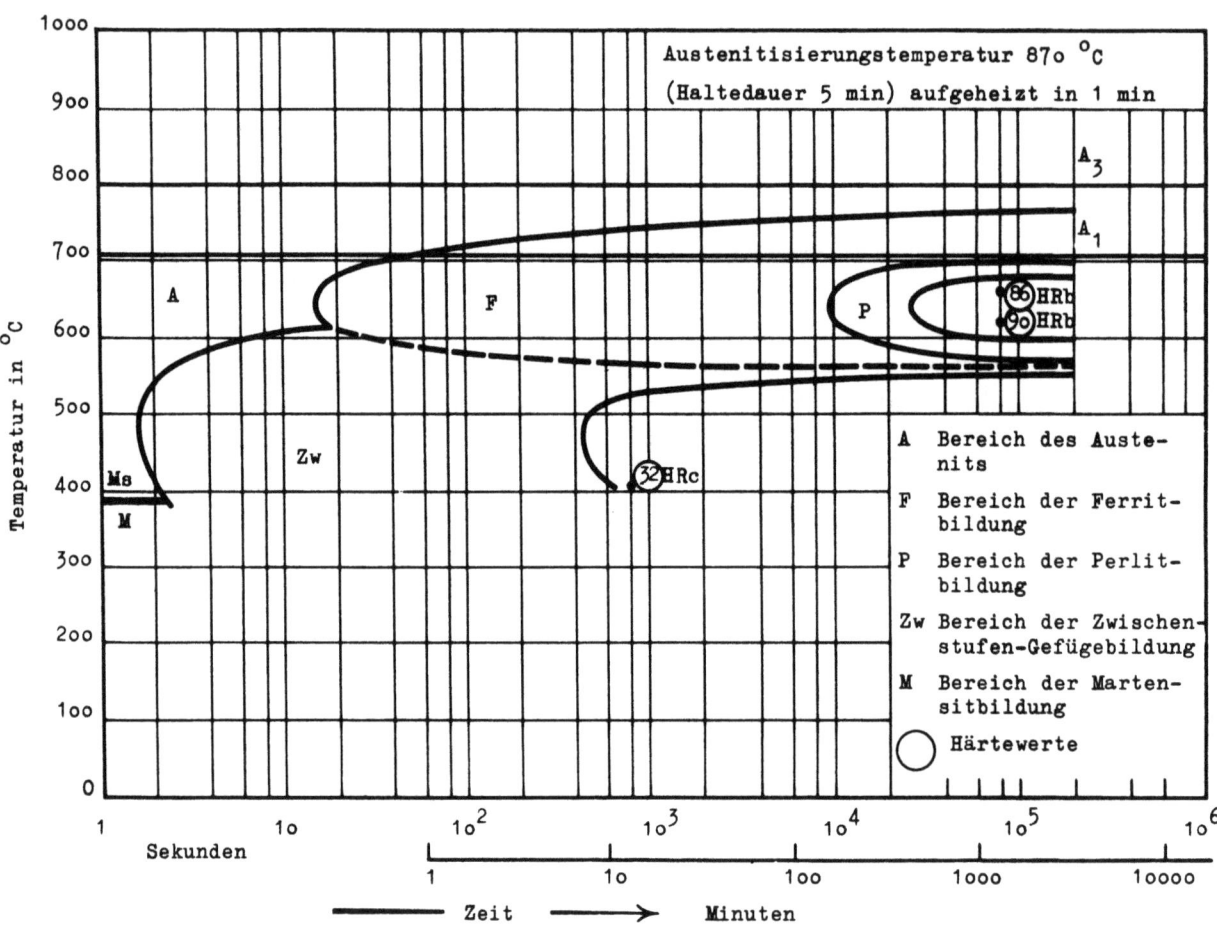

Abbildung 11

ZTU-Schaubild für isothermische Versuchsführung eines
Kupfer-Nickel-Molybdän-Stahles

aber bei 400 s liegt. Der Beginn der Ferritbildung ist von rd. 1,5 s auf 15 s verschoben. Diese Unterschiede sind keineswegs so groß, daß sich danach das außerordentlich verschiedene Verhalten bei kontinuierlicher Abkühlung erwarten ließ. Die Ursache scheint vielmehr allein in der Verschiebung der Perlitbildung zu liegen, die bei dem Kupfer-Nickel-Stahl bei 50 s, bei dem Kupfer-Nickel-Molybdän-Stahl aber bei rd. 10 000 s beginnt. Bei kontinuierlicher Abkühlung folgt der anfänglichen Ferritbildung die Zwischenstufenumwandlung. Da eine Perlitbildung auch bei sehr langsamer Abkühlung bei dem Kupfer-Nickel-Molybdän-Stahl nicht eintreten kann, wird auch bei Abkühlungszeiten weit über das Ende der Zwischen-

Chemische Zusammensetzung	Stahl	% C	%Mn	%Si	% Al	%Cr	% Cu	%Mo	%Ni
	A	0,15	1,00	0,35			0,95	—	0,89
	B	0,15	0,98	0,42	0,034	0,42	1,06	0,34	0,88
	C	0,21	1,34	0,51		0,23	1,10	0,34	0,98

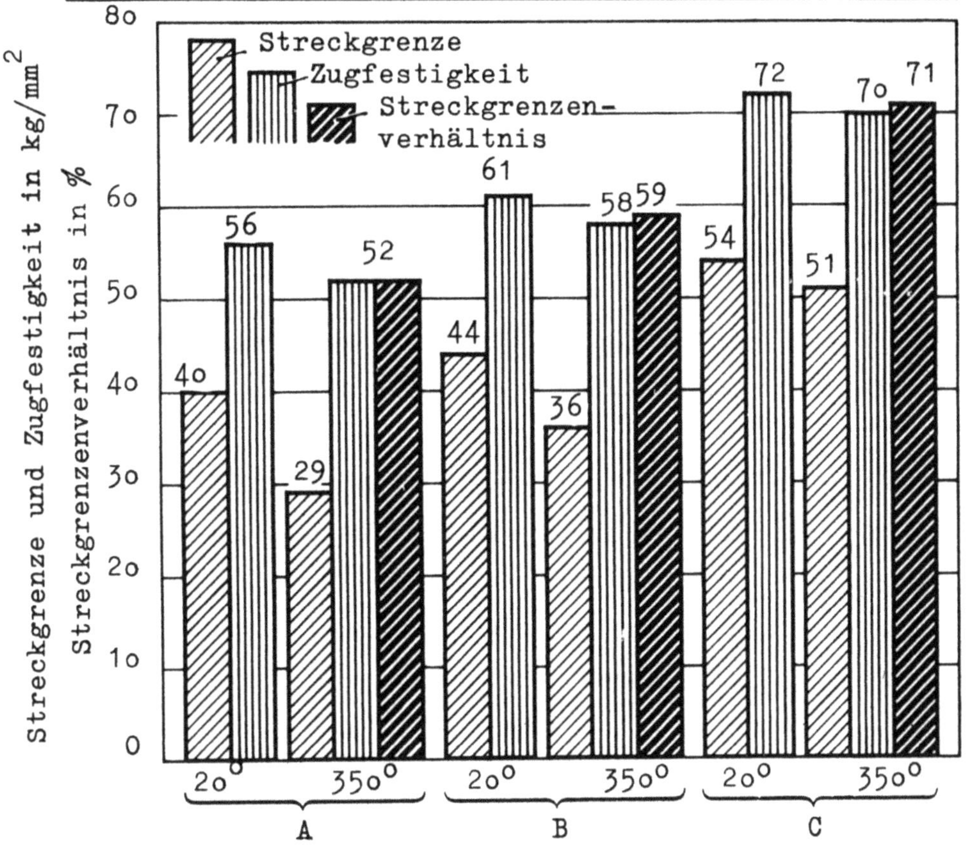

Abbildung 12

Festigkeitseigenschaften von Cu-Ni- und Cu-Ni-Mo-Stählen nach Normalglühen (Abschreckgeschwindigkeit $10°/min$) mit anschließendem Stabilglühen bei $600°$

stufenumwandlung im isothermischen Versuch hinaus die Bildung von Zwischenstufengefüge bei kontinuierlicher Abkühlung beobachtet. Welche Festigkeitseigenschaften auf Grund dieses Umwandlungsverhaltens an Blechen von 70 mm Dicke durch übliche Wärmebehandlung bei Kupfer-Nickel-Molybdän-Stählen zu erzielen sind, zeigt Abbildung 12. In dieser Abbildung sind die Festigkeitseigenschaften eines Kupfer-Nickel-Stahles A und zweier Kupfer-Nickel-Molybdän-Stähle B und C mit unterschiedlicher Legierungshöhe bei 20 und $350°$ dargestellt. Diese Werte beziehen sich auf folgende Wärmebehandlung. Normalglühen mit einer Abkühlungsgeschwindigkeit von

10°/min, die etwa der einer dickwandigen Trommel entspricht, dann fünfstündige Stabilglühung bei 600° mit anschließender Luftabkühlung. Nach dem Normalglühen wurden im Gefügebild bei Stahl A keine Zwischenstufe und kein Martensit (siehe auch Abb. 8, Verlauf 0), bei B 40 % Zwischenstufe und 15 % Martensit (vgl. Abb. 9, Verlauf 0), bei C annähernd 70 % Zwischenstufe und 30 % Martensit festgestellt, d.h. also, daß der beim Anlassen zum Zerfall kommende Gefügeanteil (Zwischenstufe und Martensit) bei A 0 %, bei B 55 % und bei C 100 % beträgt. Dementsprechend muß auch eine Steigerung der Festigkeitseigenschaften erwartet werden. Daß dies in einem überraschenden Umfang der Fall ist, zeigt ein Vergleich der Werte für die Streckgrenze und für das Streckgrenzenverhältnis. So erhöht sich die Warmstreckgrenze für 350° von 29 kg/mm^2 bei Stahl A auf 36 kg/mm^2 bei Stahl B und auf 51 kg/mm^2 bei Stahl C. Erwähnt sei, daß sich alle Stähle in ihrer Schweißbarkeit und Neigung zur Rißbildung nicht unterscheiden. Offenbar reichen die bei B und C festgestellten Martensitanteile nicht aus, um eine Rißbildung hervorzurufen. Wenn auch zur Zeit nur Kupfer-Nickel-Molybdän-Stähle von der Art des Stahles B mit einer gewährleisteten Warmstreckgrenze von 35 kg/mm^2 geliefert werden, so beweist das Ergebnis an Stahl C, daß die Entwicklung durchaus noch nicht abgeschlossen ist.

Es unterliegt wohl keinem Zweifel, daß die Verwendung von Stählen mit überwiegender Zwischenstufenumwandlung das Anwendungsgebiet der Schweißtechnik wesentlich erweitern wird. Die Folgerichtigkeit dieser Entwicklung ist im vorhergehenden an dem Umwandlungsverhalten einer Reihe von Stahlsorten gezeigt worden.

III. Der Vorgang des Flammhärtens, dargestellt im ZTU-Schaubild für kontinuierliche Abkühlung

1. Das Verfahren des Flammhärtens

Das Flammhärten gehört in die Gruppe der Oberflächen-Härteverfahren, die dazu dienen den Verschleiß oberflächlich beanspruchter Teile herabzusetzen. Diese Verfahren gehen von dem Gedanken aus, die Erwärmung des Werkstückes auf die Austenitisierungstemperatur, d.h. Härtetemperatur, nur auf diejenige Oberflächenzone zu beschränken, in der durch Abschreckung eine Härtung erzielt werden soll. Die Erwärmung kann entweder wie beim Flammhärten durch ein geeignetes Brenngas-Sauerstoff-Gemisch mittels eines Brenners oder wie beim Induktionshärten auf elektroinduktivem Wege geschehen. Als Abschreckmittel wird meistens Wasser, seltener Öl oder Ölemulsion verwendet. Hauptsächliches Anwendungsgebiet der Oberflächen-Härteverfahren ist der Fahrzeug- und Motorenbau sowie der Werkzeugmaschinenbau.

Das Flammhärten kann nach zwei Verfahren durchgeführt werden, die für unsere Betrachtungsweise folgende Unterschiede aufweisen. Das erste Verfahren ist das Umlauf- oder Mantelverfahren. Hierbei wird das Werkstück in einem ersten Arbeitsgang oberflächlich erwärmt und anschließend in einem zweiten, getrennten Arbeitsgang abgeschreckt. Da bei diesem Verfahren, abgesehen von der zusätzlichen Kühlwirkung des kälteren Kernes ähnliche Verhältnisse wie bei der Wärmebehandlung von Rundproben vorliegen, dürfte hier eine Anwendung des kontinuierlichen Schaubildes befriedigende Aussagen über das Umwandlungsergebnis liefern. Eine Schwierigkeit besteht allerdings darin, daß die unterschiedliche Austenitisierungstemperatur entsprechend der Temperaturverteilung in der erwärmten Oberflächenschicht berücksichtigt werden muß.

Das zweite Verfahren ist das Vorschub- oder Linien-Verfahren. In diesem Falle erfolgt die Erwärmung und Abkühlung in einem Arbeitsgang. Auf Grund dessen ist für die Anwendung des Schaubildes neben der Schwierigkeit durch die Berücksichtigung einer unterschiedlichen Austenitisierungstemperatur in der Oberflächenschicht eine Beeinflussung des Abkühlungsvorganges durch die gleichzeitig im Werkstück weiterlaufende Erwärmung zu erwarten.

Meßtechnisch ist bei beiden Verfahren das gleiche Problem zu bewältigen, nämlich die Austenitisierungsbedingungen und die Abkühlungsvorgänge durch Messen mit Thermoelementen aufzunehmen. Diese Messung ist jedoch beim Umlauf-Verfahren durch die rotierende Bewegung des Werkstückes mit großen Schwierigkeiten verbunden, während sie beim Linien-Verfahren, da das Werkstück nicht bewegt wird, verhältnismäßig einfach ist. Dieser Umstand war ausschlaggebend, die Untersuchungen am Linienverfahren durchzuführen, obwohl hier aus den oben genannten Gründen damit zu rechnen war, daß die Vorgänge nicht so gut mit dem kontinuierlichen Schaubild übereinstimmen würden wie beim Umlaufverfahren.

2. Umwandlungsverhalten der Versuchswerkstoffe

Als kennzeichnende Werkstoffe wurden die Stähle 37 MnSi 5 und Ck 45 ausgewählt. Das Umwandlungsverhalten beider Stahlsorten bei kontinuierlicher

Forschungsberichte des Wirtschafts- und Verkehrsministeriums Nordrhein-Westfalen

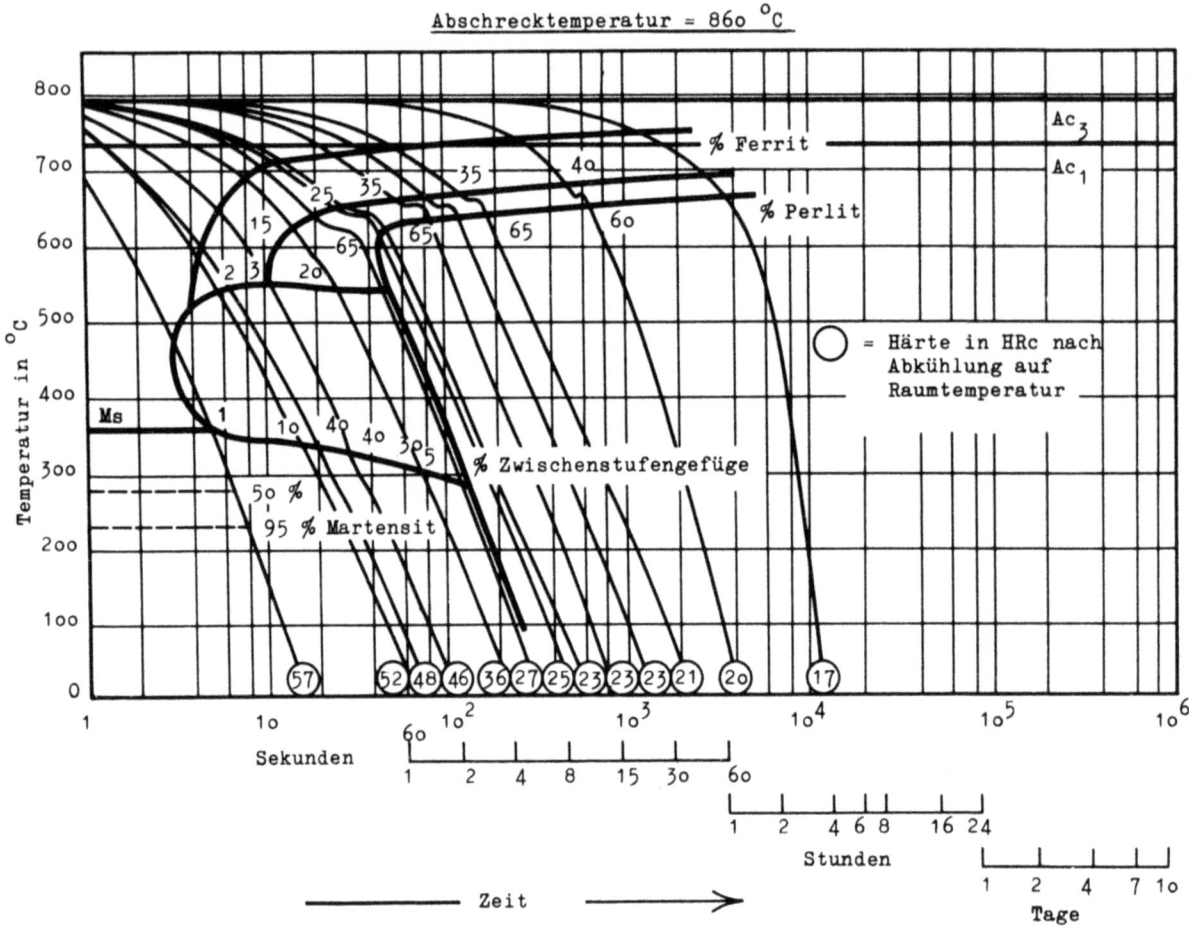

Abbildung 13

ZTU-Schaubild (kont.) des Stahles 37 MnSi 5

Abkühlung stellen die Abbildungen 13 und 14 dar. Abbildung 13 des Stahles 37 MnSi 5 ist bei der normalen Härtetemperatur von 860° untersucht. Die Abkühlungsvorgänge sind ab $Ac_3 = 795°$ dargestellt. Bei dem Flammhärten werden uns sowohl die Vorgänge interessieren, die zur vollständigen Härtung führen, als auch diejenigen, die den Härteabfall zum Kerngefüge bewirken, d.h. der gesamte Übergang bis zur vollständigen Perlitbildung. Vorstellungsmäßig lassen sich diese Vorgänge am besten durch die Abkühlungszeiten kennzeichnen, die auf den Temperaturbereich von Ac_3 bis 500° bezogen sind, der für den Ablauf der Umwandlungen entscheidende Bedeutung hat. Diese Abkühlungszeiten können aus den kontinuierlichen ZTU-Schaubildern unmittelbar abgelesen werden. Im vorliegenden Falle tritt

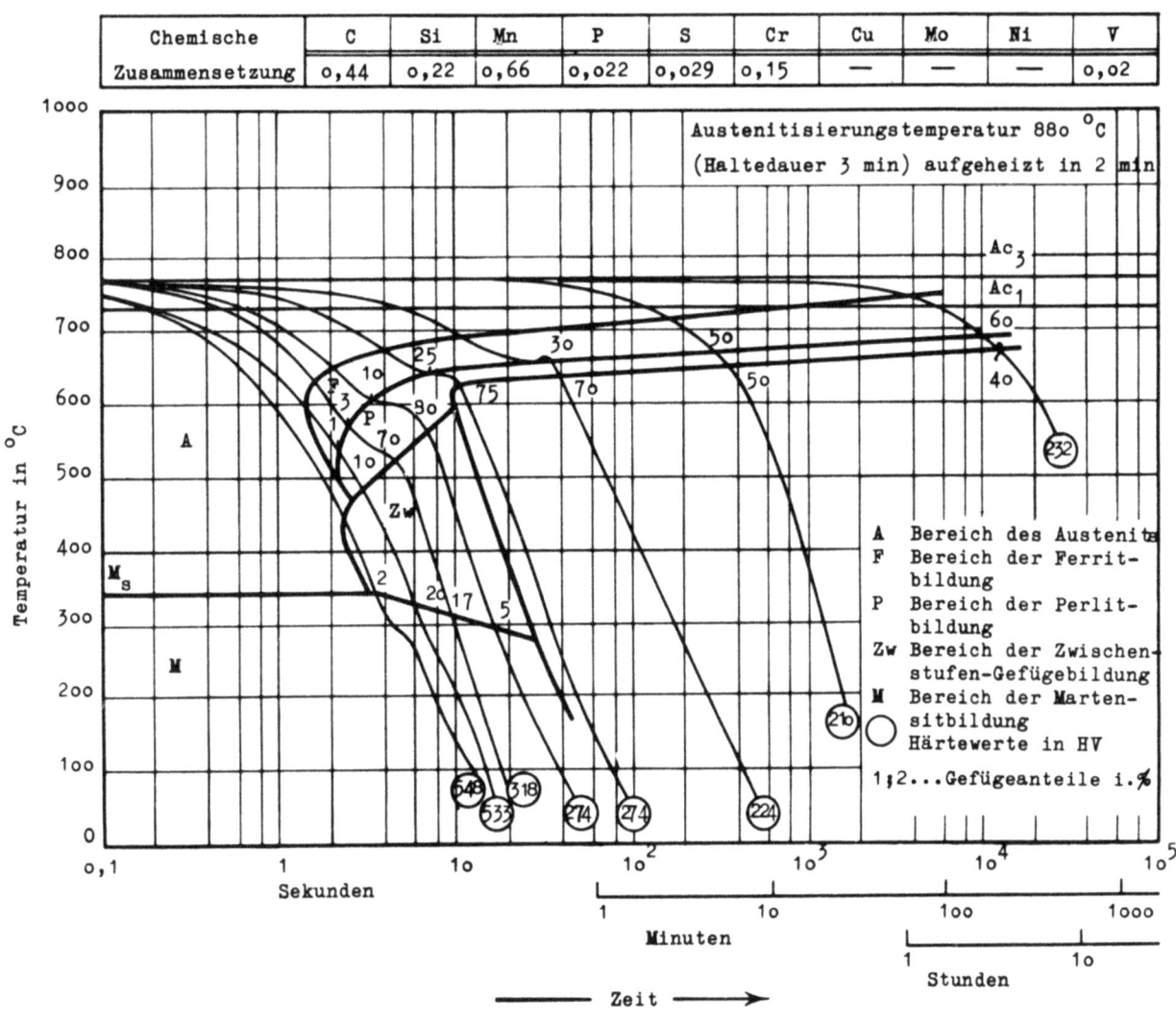

Abbildung 14
ZTU-Schaubild (kont.) des Stahles Ck 45

vollständige Härtung bei Abkühlungszeiten von weniger als 2 s ein. Die Perlitbildung beginnt bei einem Abkühlungsvorgang, der 500° nach etwas über 60 s erreicht. Der für die Einhärtungstiefe kennzeichnende Abkühlungsverlauf, der zu 50 % Martensit führt, benötigt von Ac_3 bis 500° etwa 20 s.

Zu beachten ist noch, daß mit einer Verschiebung des Schaubildes zu längeren Zeiten zu rechnen ist, falls die Temperaturen in der Nähe der Oberfläche beim Flammhärten über 860° ansteigen. Der Beginn der Ferrit-Perlit-Bildung verschiebt sich bei 1050° von 4 auf 9 s. Die Zwischenstufenumwandlung bleibt im Zeitablauf nahezu unbeeinflußt.

Forschungsberichte des Wirtschafts- und Verkehrsministeriums Nordrhein-Westfalen

Der Stahl Ck 45 (Abb. 14) zeigt grundsätzlich eine ähnliche Form der Umwandlungsbereiche, jedoch sind die Abkühlungsgeschwindigkeiten, bei denen sie erreicht werden, wesentlich größer, die Zeiten kleiner. Der Stahl ist umwandlungsfreudiger. Das ganze Schaubild erscheint nach links verschoben. Der logarithmische Zeitmaßstab ist deshalb um 1 Dezimale zu kleineren Zeiten bis zu 0,1 s erweitert.

Reine Martensitbildung tritt nur bei Abkühlungen ein, die 500° schneller als in 1 s erreichen. Der Bereich des Überganges bis zu den perlitischen Gefügen ist enger zusammengerückt. Vollständige Perlitbildung erfolgt bereits bei Abkühlungszeiten, die bei 500° größer als 13 s sind. Der Härteabfall erfolgt in diesem Bereich außerordentlich schnell. 50 % Martensit tritt bei einem Vorgang mit einer Abkühlungszeit von 4 s, bezogen auf den Temperaturbereich von Ac_3 bis 500°, auf.

Mit Erhöhung der Austenitisierungstemperatur auf 1050° verschiebt sich das Schaubild in bezug auf die kritische Abkühlungsgeschwindigkeit um 1 s zu längeren Zeiten und in bezug auf die vollständige Perlitbildung um 10 s.

Die Stähle müssen sich deshalb hinsichtlich des Umwandlungsverhaltens sehr deutlich bei dem Vorgang des Flammhärtens unterscheiden. Sieht man als Grenze noch ausreichender Härtung ein Gefüge mit 50 % Martensit an, so ist der Unterschied durch die zugehörigen Abkühlungszeiten von Ac_3 bis 500° von 20 s bei dem 37 MnSi 5 und von 4 s bei dem Ck 45 beschrieben.

3. Stirnabschreckhärtekurven

Zur Kennzeichnung des Härtungs- und Umwandlungsverhaltens der Schmelzen, aus denen die Proben für die Flammhärteversuche tatsächlich entnommen wurden, sind Stirnabschreckversuche vorgenommen worden (vgl. hierzu den Forschungsbericht Nr. 143: "Härtbarkeit und Umwandlungsverhalten der Stähle"[10]). In den Abbildungen 15 und 16 sind die Ergebnisse denjenigen Stirnabschreckhärtekurven der Schmelzen mittlerer Härtbarkeit gegenübergestellt, die zur Aufstellung der ZTU-Bilder benutzt wurden.

Statt des vorgesehenen Stahles 37 MnSi 5 wurde für die Versuche eine Schmelze angeliefert, deren Zusammensetzung einem Stahl der alten Werkstoffbezeichnung VM 175 entspricht. Wie die Abbildung 15 zeigt, härtet diese Schmelze auf Grund ihres höheren Mangangehaltes noch wesentlich besser als diejenige des ZTU-Bildes. Der Verschiebung des Härtewertes 42 HRc für 50 % Martensit von 9 auf 21 mm Abstand von der Stirnfläche

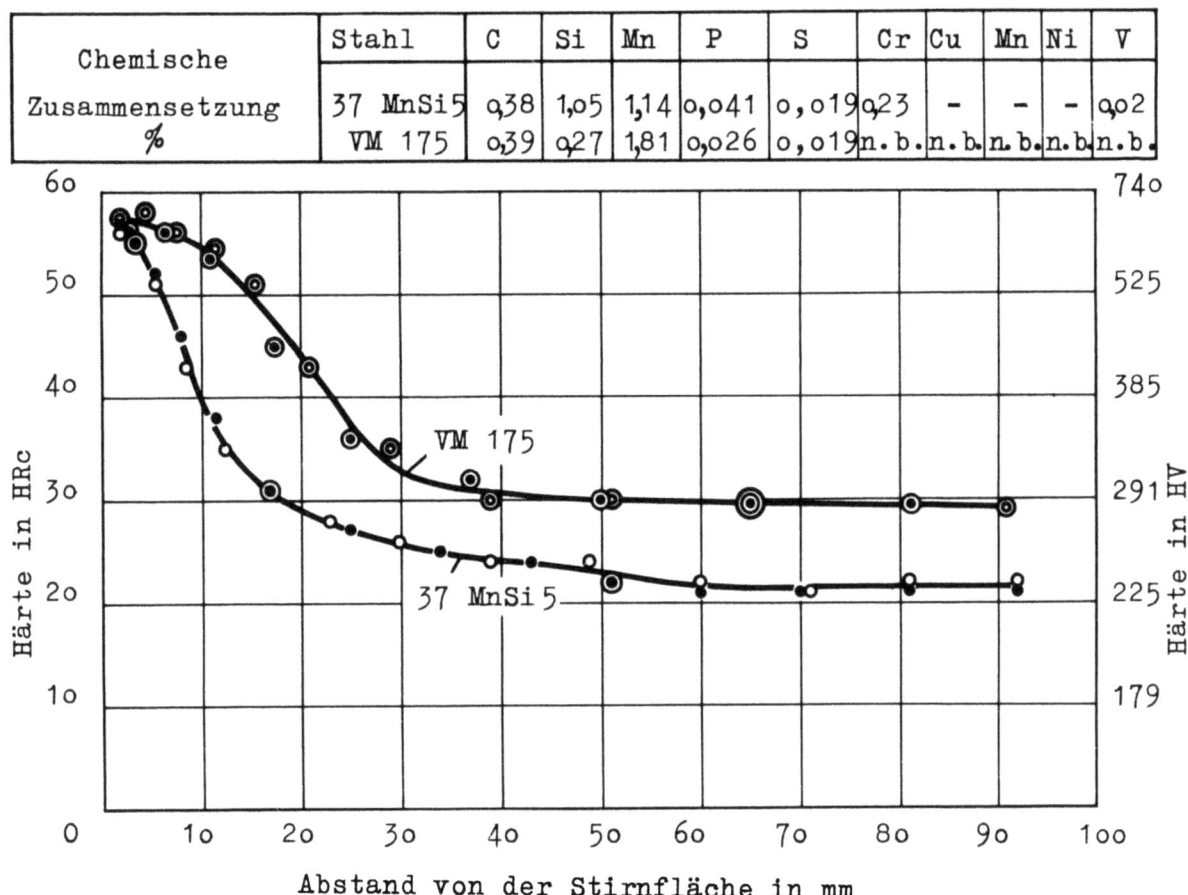

Abbildung 15

Stirnabschreckhärtekurven für die Stähle 37 MnSi 5 und VM 175

entspricht eine Verschiebung der Abkühlungskurve für 50 % Martensit von 20 s auf etwa 50 s bei 500°, wenn man die Eichkurve für den Zusammenhang zwischen dem Abstand von der Stirnfläche der Stirnabschreckprobe und der Abkühlungszeit von 800 bis 500°C zugrunde legt, auf deren Bedeutung in der erwähnten Arbeit von F. WEVER und A. ROSE[2] näher eingegangen wird. Die erreichte Höchsthärte ist, wie bei etwa gleichem Kohlenstoffgehalt zu erwarten, die gleiche.

Die für die Versuche benutzte Schmelze des Stahles Ck 45 unterscheidet sich von der des Schaubildes in der Hauptsache durch den um 0,06 % höheren C-Gehalt. Die bei gleichem Härtungsgefüge zu erwartenden Härtewerte werden also um etwa 3 HRc höher liegen. Durch den nur geringfügig höheren Kohlenstoff- und Mangangehalt ist das Schaubild nur wenig zu längeren Zeiten verschoben, bei 50 % Martensit von 4 s auf 6 s, bezogen auf 500° (Abb. 16).

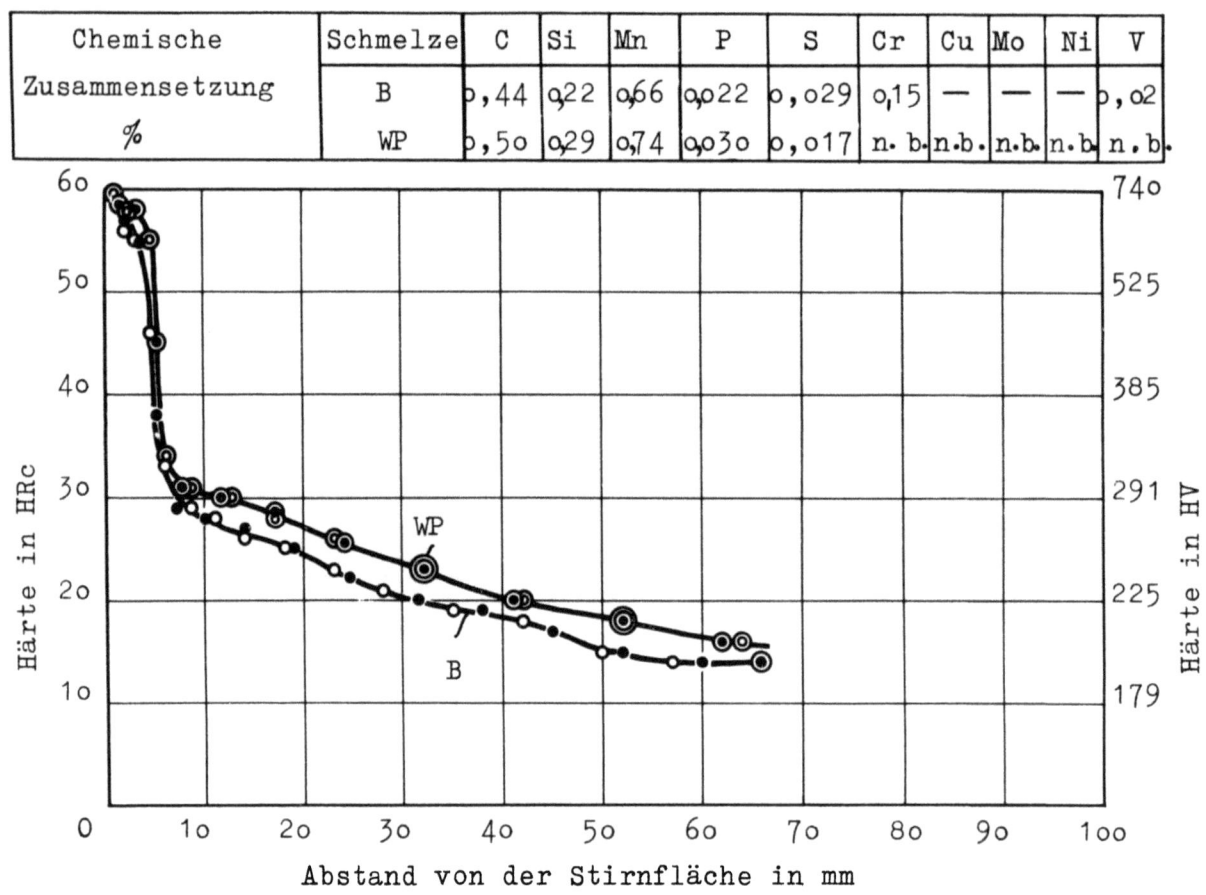

Abbildung 16
Stirnabschreckhärtekurven für zwei Schmelzen des Stahles Ck 45

4. Versuchsanordnung

Die Versuche zur Aufnahme des Erwärmungs- und Abkühlungsverlaufes beim Flammhärten wurden, wie die Abbildung 17 zeigt, an Vierkantproben 30x55x500 im Vorschubverfahren durchgeführt. Zur Temperaturmessung waren Thermoelemente in Bohrungen (2,5 mm $\emptyset$) von der Rückseite her bis auf 0,3 mm, 1,0 mm, 2,0 mm, 3,0 mm und 4,0 mm an die Oberfläche herangeführt. Aus später näher erläuterten Gründen wurden die Bohrungen hintereinander angeordnet. Die Abstände wurden mit Rücksicht auf eine einfache Registriermöglichkeit 75 mm groß gewählt. Bei den vorliegenden Vorschubgeschwindigkeiten von 1 bis 2 mm/s ergab sich so ein zeitlicher Abstand von 75 bis 37 s. Da die Zeiten für die Erhitzung und Abkühlung in dem durchgemessenen Bereich zwischen etwa 380° und der jeweiligen Höchsttemperatur durchweg kürzer waren, konnte der Temperaturverlauf an den Meßstellen nacheinander mit einem Lichtpunktlinienschreiber aufgezeichnet werden.

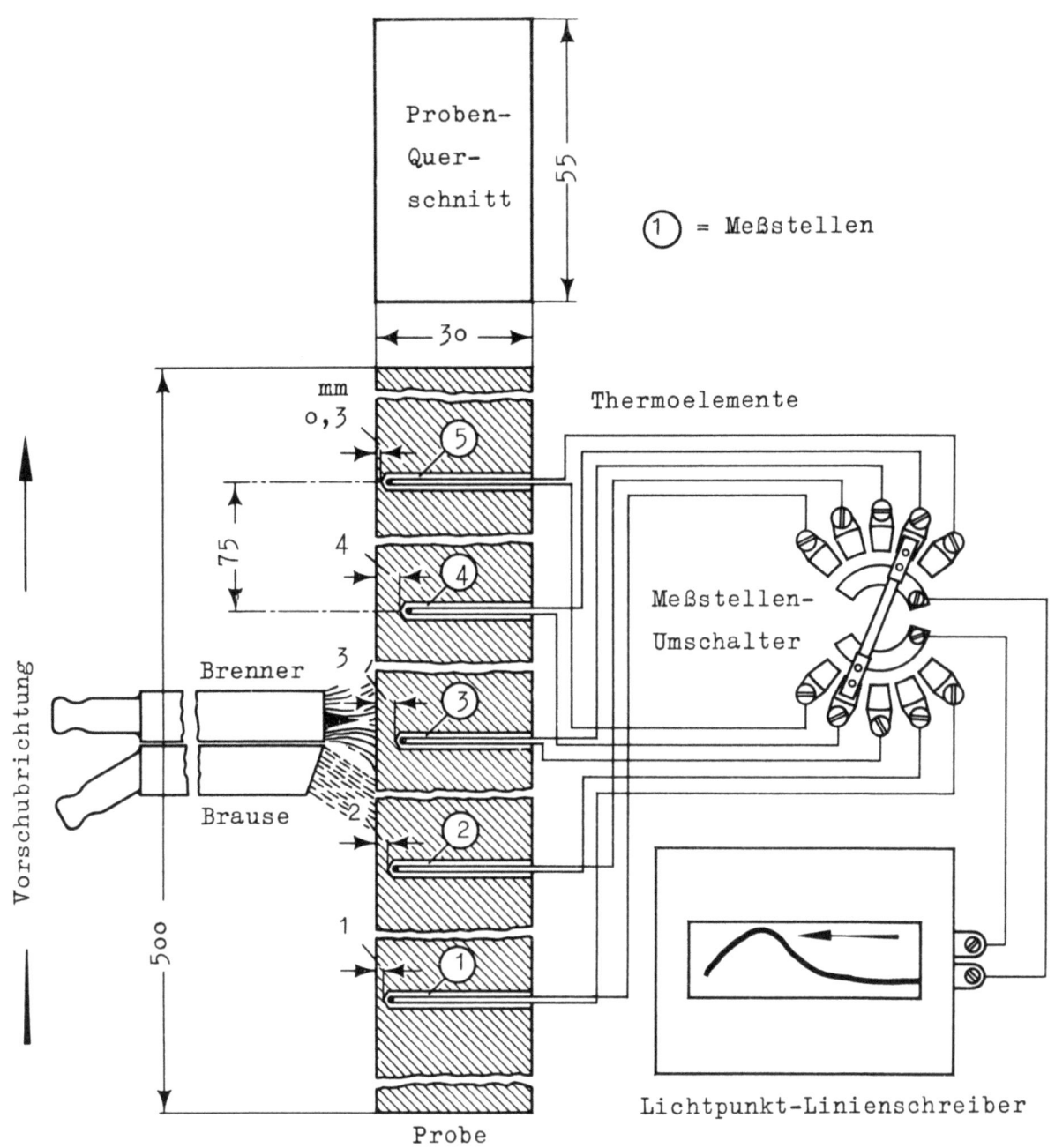

Abbildung 17

Versuchsanordnung zur Messung der Erhitzung und Abkühlung
beim Flammhärten nach dem Vorschub-Verfahren

Die Versuchsbedingungen blieben über einen Stab weitgehend konstant. Die folgenden Einflüsse wurden untersucht:

1. Vorschubgeschwindigkeit,
2. Brennerleistung,
3. Abstand Brenner - Brause
4. Brennerart,
5. Brausenart.

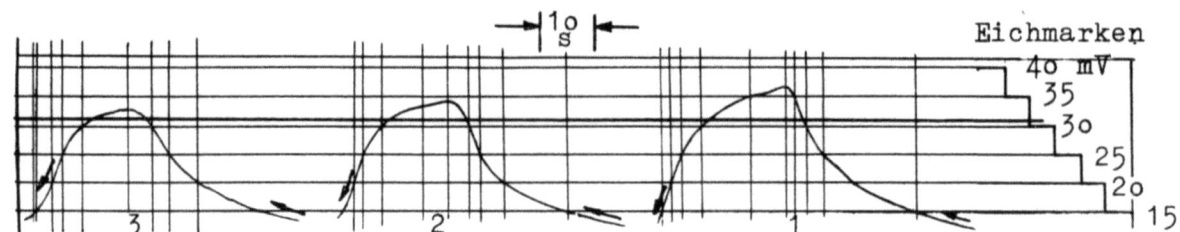

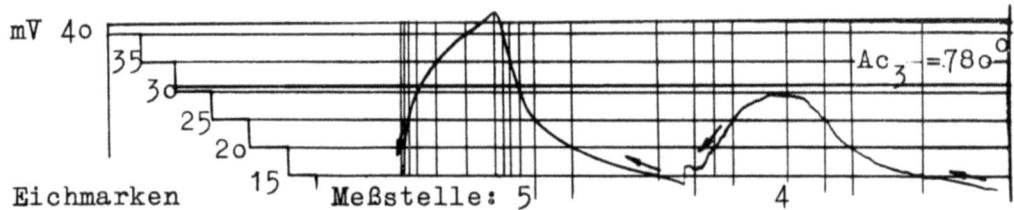

Abbildung 18

Registrierung der Erhitzung und Abkühlung beim Flammhärten
mit dem Lichtpunktlinienschreiber

Zwangsläufig ergab sich bei einigen Versuchen mit der Änderung der Brennerleistung auch eine Änderung des Brennerabstandes von der Oberfläche.

Als Austenitisierungstemperatur wurde 860° für den Stahl 37 MnSi 5 und 840° für den Stahl Ck 45 gewählt. Die Erwärmung der Werkstücke auf diese Temperaturen geschah unter Verwendung des Temperaturmeßgerätes "Milliskop"[11] durch Anpassung des Vorschubes an die Brennerleistung. Abweichungen in der Anzeige des Gerätes von der vorgegebenen Einstellung wurden durch entsprechende Regulierung der Vorschubgeschwindigkeit des Brenners ausgeglichen.

Einen Originalfilmstreifen mit den Zeit-Temperatur-Kurven der 5 Meßstellen zeigt die Abbildung 18. Es wird hieraus bereits deutlich, wie verschieden die Temperaturen sind, die an den verschiedenen Meßstellen erreicht werden. Die Unterschiede in den Abkühlungsgeschwindigkeiten lassen sich am besten erkennen beim Vergleich der Meßstellen 5 und 3. Der Zeitvorschub des Registrierstreifens betrug 1 mm/s.

5. Erwärmungsvorgänge

Diese Filmstreifen sind in Abbildung 19 zunächst für 5 Versuche mit bis auf die Vorschubgeschwindigkeit und Brennerleistung gleichen Versuchsbedingungen ausgewertet in bezug auf die Höchsttemperaturen, die an den

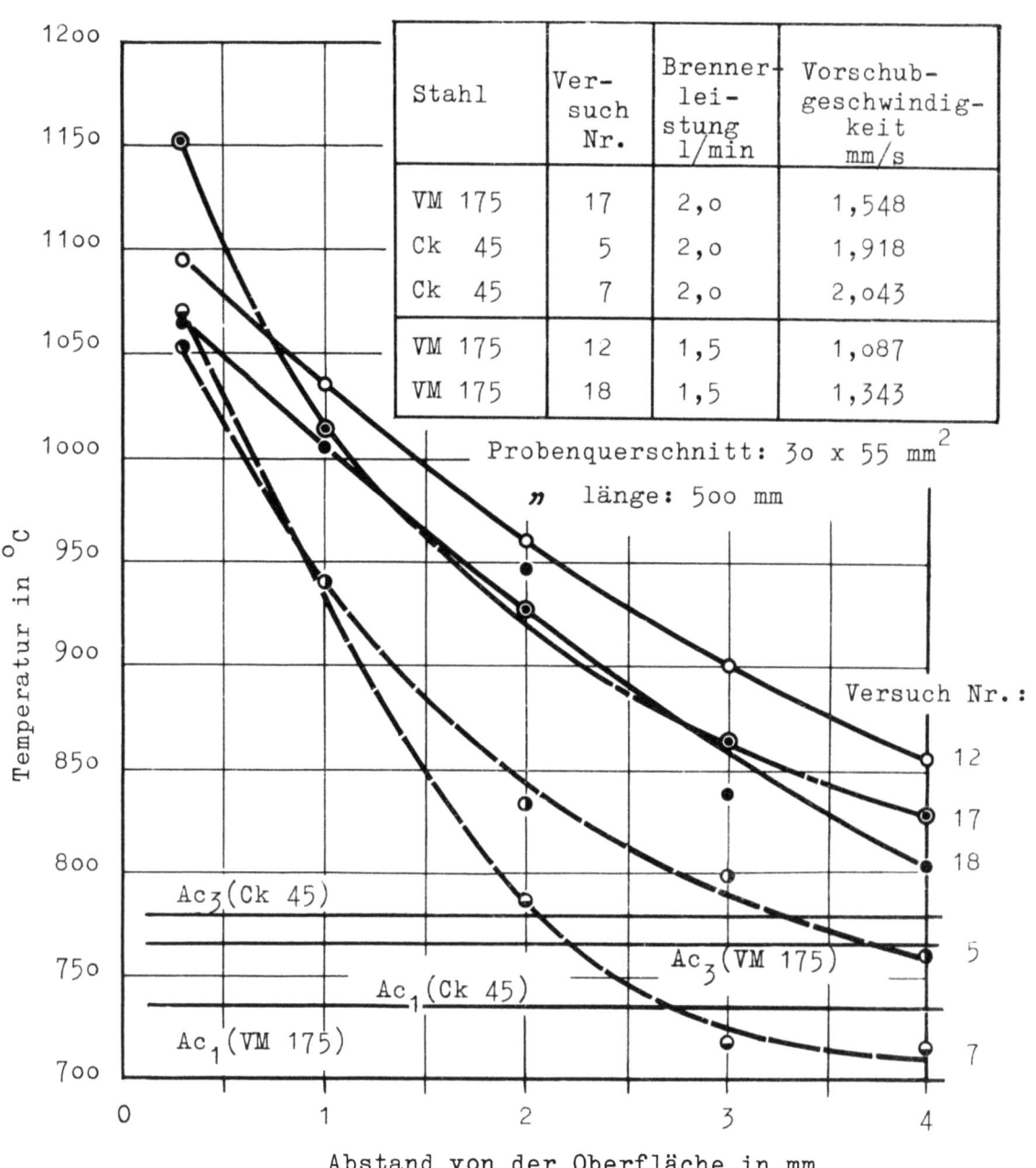

Abbildung 19

Temperaturverteilung in der Oberflächenschicht von Flachstäben beim Flammhärten nach dem Vorschub-Verfahren

Meßstellen 0,3 bis 4 mm unter der Oberfläche erreicht werden. Es muß darauf hingewiesen werden, daß die so erhaltene Temperaturverteilung in ihrem Verlauf nicht genau der wahren Temperaturverteilung in einer Ebene senkrecht zur Vorschubrichtung entspricht. Um diese zu erfassen, wäre es notwendig gewesen, sämtliche Meßstellen in einem solchen Schnitt unterzubringen. Dieser Lösung steht jedoch die grundsätzliche Schwierigkeit entgegen, daß bei einer derartig dichten Anordnung der Meßbohrungen infolge der wiederholten Unterbrechung des Werkstoffzusammenhangs eine beträchtliche Störung des Wärmeflusses eintritt, die zu völlig falschen Meßergebnissen führt. Außerdem hätte in diesem Falle die Registrierung der Messungen nur mit einem erheblichen Aufwand an Geräten durchgeführt werden können.

Aus diesen zwingenden Gründen wurden die Meßstellen, wie bereits erwähnt, hintereinander angeordnet (vgl. Abb. 17). Bei dieser Anordnung muß man jedoch in Kauf nehmen, daß die sogenannte Vorwärmung des Werkstückes in der Vorschubrichtung in die Messungen mit eingeht. Diese Vorwärmung ist eine Eigentümlichkeit des Vorschubverfahrens. Sie wird durch die Beiflamme des Brenners hervorgerufen, unter der man die Zerstreuung des Flammenbündels beim Auftreffen auf die Werkstückoberfläche versteht. Sie hat zur Folge, daß sich die wahren Temperaturverteilungskurven, wie sie in den Querschnitten vorliegen, bis zur Erreichung eines Gleichgewichtszustandes mit zunehmender Härtelänge stetig zu höheren Temperaturen verschieben.

Aus diesen Überlegungen läßt sich unter Berücksichtigung der vorliegenden Reihenfolge der Meßstellen in bezug auf ihren Abstand von der Probenoberfläche (Abb. 17) sofort abschätzen, in welcher Weise die gemessene und die wahre Temperaturverteilungskurve voneinander abweichen. Da der Einfluß der Vorwärmung von der Meßstelle 1 mit 1 mm Abstand von der Oberfläche am Anfang der Probe bis zur Meßstelle 5 mit 0,3 mm Abstand am Ende der Probe stetig zunimmt, muß die gemessene Temperaturverteilungskurve im Bereich der Meßstelle 5 bis zur Meßstelle 1, d.h. also bis 1 mm Tiefe, steiler verlaufen als die wahre Temperaturverteilungskurve. Dagegen muß sie im weiteren Verlauf, also von Meßstelle 1 (1 mm) bis zur Meßstelle 4 (4 mm), flacher sein.

Zu Abbildung 19 ist weiterhin einheitlich festzustellen – von den Unterschieden zwischen den einzelnen Versuchen 5 bis 18 zunächst noch abgesehen –, daß die Temperatur in der Nähe der Oberfläche thermoelektrisch bis zu $200°$ höher gemessen wird, als das Milliskop anzeigt. Der Abfall zum nicht erwärmten Kernwerkstoff erfolgt dann stetig, wobei die nach dem Milliskop geregelte Härtetemperatur in etwa 2 bis 3 mm Tiefe unter der Oberfläche erreicht wird. In dem hier durchgemessenen Querschnittsbereich kann man also von einem "Wärmestau" nicht sprechen.

Forschungsberichte des Wirtschafts- und Verkehrsministeriums Nordrhein-Westfalen

---

Bei dem Vergleich der thermoelektrisch gemessenen Temperaturen mit den vom Milliskop angezeigten ist zu berücksichtigen, daß bei den hier durchgeführten Versuchen mit dem Milliskop unter einem Winkel von etwa 45° gemessen werden mußte, so daß mit einem gewissen Fehler in der Messung gerechnet werden kann. Darüber hinaus erscheint es durchaus möglich, daß die Meßstellen dicht unter der Oberfläche durch die infolge der Meßbohrungen verschlechterte Wärmeableitung etwas über die Temperaturen erwärmt werden, die sonst bei dem Werkstück in gleicher Tiefe auftreten. Versuche, die zur Klärung dieses Einflusses mit einer Bohrung von 1,3 mm statt 2,5 mm angestellt wurden, zeigten jedoch, daß bei dem geringeren Bohrungsdurchmesser die Oberflächentemperatur höchstens 50° niedriger liegt.

Die Unterschiede in bezug auf Verlauf und Lage der Temperaturverteilungskurven 5 bis 18 in Abbildung 19 lassen sich sehr einfach durch den geänderten Vorschub und die Leistung erklären. Die Proben 7, 5 und 17 sind mit normaler Brennerleistung erwärmt, wobei jedoch die Vorschubgeschwindigkeit in der gleichen Reihenfolge abnimmt und dementsprechend die Maximaltemperaturen ansteigen. Die Proben 18 und 12 sind mit 3/4 Leistung gefahren. Der Vorschub ist bei 12 kleiner, dementsprechend die Temperatur höher als bei 18. Im Vergleich zu den Proben 7, 5 und 17 liegen die Temperaturen bei 12 trotz der geringeren Leistung infolge des kleineren Vorschubs noch höher als bei 17. Die Proben 17 und 18 liegen dagegen in der Temperaturverteilung etwa gleich hoch, d.h. der Unterschied in der Leistung wird durch die Änderung des Vorschubs ausgeglichen. Der Verlauf der Kurven ist bei 12 und 18 flacher als bei 7, 5 und 17, da bei den ersteren durch den kleineren Vorschub ein besserer Temperaturausgleich möglich ist.

Aus dem Schnittpunkt der eingezeichneten Linien für die Ac_3- und Ac_1-Temperatur mit den Temperaturverteilungskurven kann abgeschätzt werden, welche Einhärtungstiefe maximal erzielt werden kann, vorausgesetzt, daß in dem ganzen Bereich die Abkühlung noch überkritisch erfolgt. Dazu muß noch darauf hingewiesen werden, daß die Verschiebung der wahren Temperaturverteilungskurven im Querschnitt zu höheren Temperaturen durch die Vorwärmung eine Veränderung der Einhärtungstiefe mit sich bringt. Die Einhärtungstiefe nimmt hierbei mit der Härtelänge so lange zu, wie der über der Austenitisierungstemperatur erhitzte Bereich noch überkritisch abgeschreckt wird. Im anderen Falle können sich dagegen die Verhältnisse auch umkehren, wie später noch gezeigt wird.

Forschungsberichte des Wirtschafts- und Verkehrsministeriums Nordrhein-Westfalen

6. Abkühlungsvorgänge in Beziehung zum kontinuierlichen ZTU-Schaubild des Stahles VM 175

Bei Durchführung der Untersuchung lag ein Schaubild für den Stahl VM 175 noch nicht vor. Aus diesem Grunde wurde auf das Schaubild des Stahles 37 MnSi 5 (Abb. 13) zurückgegriffen, das aber entsprechend dem Ergebnis der Härtbarkeitsprüfung (Abb. 15) unter Benutzung der im vorhergehenden erwähnten Eichkurve für den Zusammenhang zwischen dem Abstand von der Stirnfläche der Stirnabschreckprobe und den Abkühlungszeiten zwischen 800 und 500° zu längeren Zeiten verschoben wurde[2]. Dieses abgeleitete Schaubild ist in Abbildung 20 wiedergegeben. Eine Nachprüfung an Hand des später aufgenommenen Schaubildes des Stahles VM 175 zeigte eine für die vorliegenden Aufgaben ausreichende Übereinstimmung. In Wirklichkeit ist der Stahl noch umwandlungsträger; die kritische Abkühlungszeit von Ac_3 bis 500° beträgt nicht 7 s, sondern etwa 11 s. Diese Abweichungen liegen jedoch innerhalb des chargenbedingten Streubereiches einer Stahlsorte. Grössere Abweichungen ergaben sich für die Abkühlungszeiten bis zur Perlitbildung. Diese sind jedoch darauf zurückzuführen, daß die Stirnabschreckprobe nur einen enger begrenzten Ausschnitt aus dem Umwandlungsschaubild erfaßt, auf den auch die Anwendung des Verfahrens beschränkt ist (vgl. hierzu die Arbeit von F. WEVER und A. ROSE[2]).

In das abgeleitete Schaubild (Abb. 20) sind für einige kennzeichnende Beispiele aus der Reihe der Untersuchungsergebnisse die Abkühlungsvorgänge für diejenigen Meßstellen eingezeichnet, die über Ac_3 erwärmt waren.

Die Probe 61/1 kennzeichnet in Bezug auf die erzielte Einhärtung einen mißlungenen Versuch. Die Brausenleistung war zu gering. Die Probe kühlt infolgedessen selbst an der Meßstelle 5 mit 0,3 mm Abstand von der Oberfläche so langsam ab, daß nur unvollständige Härtung erreicht wird. Der Kurvenverlauf paßt sich den Kurven des ZTU-Bildes sehr gut an. Das Härteergebnis stimmt dementsprechend mit der Aussage des Schaubildes gut überein. Die Probe 16 ist mit dem Siebbrenner erhitzt, die Abkühlung erfolgt mit normalem Brausenabstand und ausreichender Wassermenge. Auch dieser Verlauf der Kurven 5 bis 2 (0,3 bis 2 mm) ist hinreichend ähnlich. Alle Meßstellen kühlen überkritisch ab. Abweichend ist der Verlauf der Abkühlungskurven der Probe 61/2, die mit Schlitzbrenner unter sonst gleichen Bedingungen erwärmt war. Die Abkühlung ist bei hohen Temperaturen langsamer, unter 600° dagegen wesentlich schneller. Ein derartiger Kurven-

Forschungsberichte des Wirtschafts- und Verkehrsministeriums Nordrhein-Westfalen

		Versuchsbedingungen für		
		61/1 o—o	61/2 o———o	16 o-------o
Brennerart		Schlitzbrenner		Siebbrenner
Brausenart		Sieb- und Schlitzbrause		
Abstand Brenner-Brause	mm	12		8
Abstand Brenner-Oberfl.	mm	1o	13	11
Brennerleistung	l/min	2,o		4,o
Vorschub-geschwindigkeit	mm/s	1,781	1,614	1,698

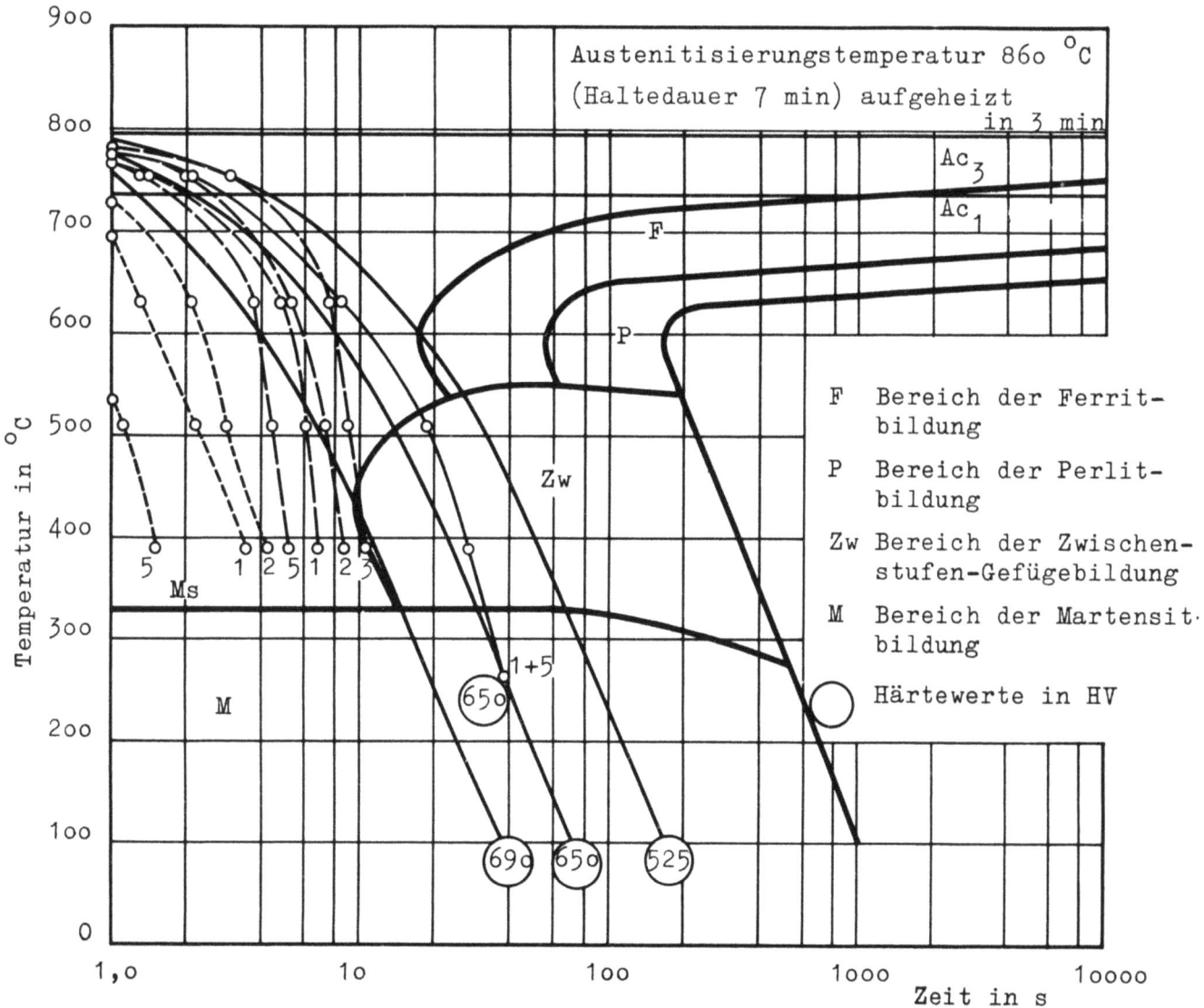

Abbildung 2o

Abkühlungsvorgänge beim Flammhärten in Beziehung zum ZTU-Schaubild für kontinuierliche Abkühlung eines Stahles 37 MnSi 5

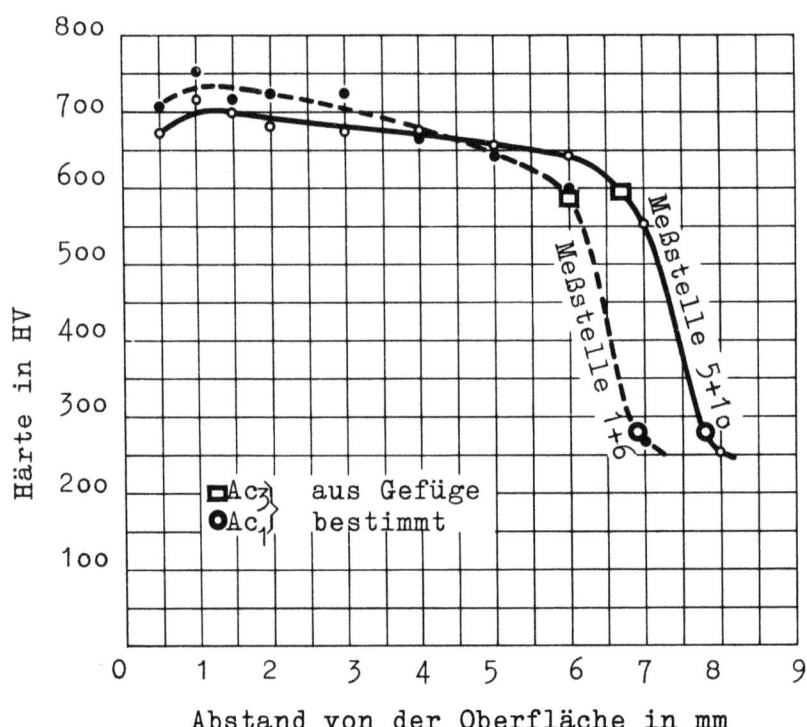

Abbildung 21

Lage der Ac_3- und Ac_1-Temperatur in Beziehung zur Einhärtung beim Flammhärten des Stahles VM 175

verlauf muß sich, falls er die Umwandlungsbereiche des Schaubildes überhaupt schneidet, dahingehend auswirken, daß die Härtung vollständiger wird, als nach dem Schaubild zu erwarten. Die Zeit wird bei einem derartigen Vorgang in einem Temperaturbereich verbraucht, der noch nichts oder nur sehr wenig zur Vorbereitung der Umwandlung beiträgt, im entscheidenden Bereich jedoch ist die Abkühlung überaus schnell. Dieser kennzeichnende Unterschied im Verlauf der Abkühlungsvorgänge beim Erwärmen mit Schlitzbrenner und Siebbrenner wurde in allen Versuchen festgestellt und muß als eine Eigentümlichkeit der Brenner angesehen werden.

Aus Gründen der Übersicht wurde in Abbildung 2o nur ein kleiner Teil der durchgeführten Versuche dargestellt. Als grundsätzliches Ergebnis ist festzuhalten, daß bei dem langsam umwandelnden Stahl VM 175 unter den vorliegenden Versuchsbedingungen die Oberflächenschicht in einem Bereich überkritisch abgekühlt wird, der über den hinausgeht, der über Ac_3 erwärmt wurde. Das bedeutet aber, daß bei diesem Stahl unter den hier gegebenen normalen Voraussetzungen die Einhärtung allein durch die Temperaturverteilung, d.h. durch die Tiefe der über Ac_3 bzw. Ac_1 erwärmten Oberflächenzone, bestimmt wird.

Dieses Ergebnis wird in vollem Umfang bestätigt, wenn man die Lage der Ac_3- und Ac_1-Temperatur in einem Querschnitt, die sich aus dem Gefüge auf metallographischem Wege sehr genau bestimmen läßt, zu der entsprechenden Einhärtungskurve in Beziehung setzt. In Abbildung 21 ist dies für einen Fall durchgeführt. Man erkennt, daß der Härteabfall zum Kern mit der Lage dieser Temperatur zusammenfällt.

Die Abbildung liefert gleichzeitig ein Beispiel für den oben geschilderten Einfluß der Vorwärmung auf die Temperaturverteilung und damit auf die Einhärtungstiefe. Die Meßstellen 1 und 6 (7 und o,9 mm) liegen in einem Querschnitt am Anfang der Härtelänge, während die Meßstellen 5 und 1o (o,3 und 8,4 mm) in einem Querschnitt am Ende der Härtelänge angebracht sind. Die beschriebene Anhebung der wahren Temperaturverteilungskurven kommt darin zum Ausdruck, daß sich die Lage der Ac_3- und Ac_1-Temperatur um 1,5 bis 2 mm verschiebt. Um den gleichen Betrag nimmt auf Grund der oben geschilderten Zusammenhänge die Einhärtungstiefe zu.

7. Temperaturverteilung, Abkühlungsvorgänge und Einhärtung beim Stahl VM 175

Als Beispiel sind in der nächsten Abbildung 22 die Versuche 62, 12 und 18 mit ihrem Temperaturverlauf, den Abkühlungszeiten von Ac_3 bis 5oo° als Maß für die Abkühlungsvorgänge und dem Verlauf der Einhärtung wiedergegeben. Aus den Angaben in der Legende ist zu entnehmen, daß die Lage der Temperaturverteilung von 62 über 18 nach 12 durch den Vorschub und die Leistung bestimmt ist. Die Abkühlungsgeschwindigkeiten sind bei 12 und 18 praktisch gleich, bei 62 kleiner, die Abkühlungszeit größer. Sie reichen jedoch in allen Fällen zur Härtung aus. Der Härteabfall im rechten Teilbild wird bei allen Versuchen, wie sofort abzulesen, durch das Absinken der Härtetemperatur unter Ac_3 bis auf Ac_1 bestimmt. Die Probe 12 wird bis auf etwa 6 mm Tiefe über Ac_3 erwärmt und härtet deshalb am tiefsten ein, 62 unterschreitet die Ac_3-Temperatur bereits bei 3,5 mm und härtet am schlechtesten. Die Probe 18 liegt nach ihrer Temperaturverteilung in der Einhärtung zwischen 12 und 62. Die Probe 12 zeigt auf Grund des geringsten Vorschubes die flachste Temperaturverteilung. Der Härteabfall ist dementsprechend ebenfalls am flachsten.

8. Abkühlungsvorgänge in Beziehung zum kontinuierlichen ZTU-Bild des Stahles Ck 45

Etwas anders liegen die Verhältnisse bei dem Stahl Ck 45. Sie sind dar-

Forschungsberichte des Wirtschafts- und Verkehrsministeriums Nordrhein-Westfalen

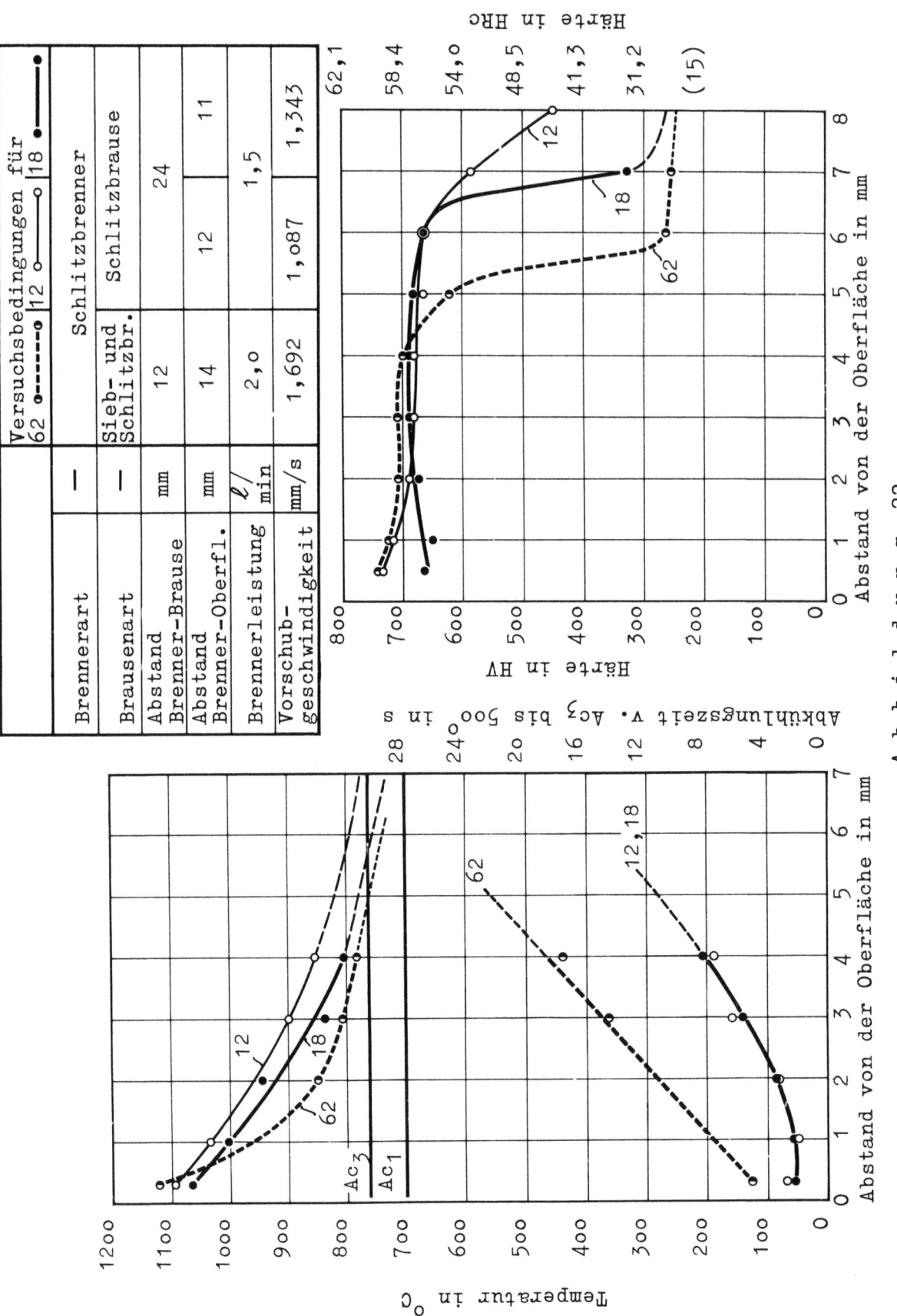

Abbildung 22

Temperaturverteilung, Abkühlungsvorgang und Einhärtung beim Flammhärten des Stahles VM 175

gestellt in Abbildung 23. Die Probe 51/1, die wie 61/1 mit zu geringer Brausenleistung abgekühlt wurde, paßt wiederum gut in die Abkühlungsvorgänge des Schaubildes hinein. Es darf nach diesem Verlauf nur zu einer perlitischen Umwandlung kommen. Die Messung der Härte an der Probe zeigt in Übereinstimmung damit keinerlei Härteannahme.

Zu den Abkühlungskurven der übrigen Proben ist zunächst zu sagen, daß auch hier der Verlauf beim Siebbrenner den Abkühlungskurven des Schaubildes ähnlicher ist als beim Schlitzbrenner.

Die Probe 4 kühlt entsprechend ihren Versuchsbedingungen - geringer Abstand zwischen Brenner und Brause sowie zwischen Brenner bzw. Brause und Oberfläche - am schnellsten ab, jedoch liegen bei diesem schnell umwandelnden Stahl nur noch die Meßstellen 5 und 1 mit 0,3 und 1 mm Abstand von der Oberfläche, letztere ist mit Rücksicht auf die Übersichtlichkeit des Bildes nicht eingezeichnet, im Bereich überkritischer Abkühlung. Bereits an der Meßstelle 2 mit 2 mm Abstand erfolgt die Abkühlung nach einer Kurve, die im Beginn der Perlit- und Zwischenstufe liegt. Da aber die Ähnlichkeit der Abkühlungskurve mit denen der Schaubilder nicht ausreicht, um eine quantitative Aussage über die an dieser Stelle zu erwartende Gefügezusammensetzung zu machen, kann man nur vermuten, daß bereits eine teilweise Umwandlung in der Perlit- und Zwischenstufe stattgefunden hat. Die Gefügeuntersuchung ergab neben Martensit Spuren Ferrit sowie Perlit und Zwischenstufe in der Größenordnung von 1 %.

Bei den Versuchen 2 und 7 liegen die Abkühlungskurven sämtlicher Meßstellen im Bereich der Mischgefüge: Perlit - Zwischenstufe - Martensit. In diesem Falle ist aber eine Schlußfolgerung auf das Umwandlungsgefüge mit noch größerer Unsicherheit behaftet als beim Versuch 4, da hier die Ähnlichkeit mit den Abkühlungsvorgängen des Schaubildes infolge der Erwärmung der Proben mit Schlitzbrenner noch weniger erfüllt ist. Aus dem Härtungsergebnis (siehe folgende Abb. 24) ist abzuleiten, daß wir auch hier wenigstens bis in den Bereich der Meßstelle 1 (1 mm), mit einer vollständigen Härtung rechnen müssen. Der metallographische Befund bestätigt diese Aussage. So zeigt beispielsweise die am langsamsten abkühlende Probe 7 noch in 1 mm Tiefe unter der Oberfläche bis auf geringe Spuren Zwischenstufengefüge reinen Martensit. Selbst bei 2 mm beträgt der Martensitanteil im Gefüge noch über 85 % bei etwa 2 % Ferrit und je 5 % Perlit und Zwischenstufengefüge.

		Versuchsbedingungen für			
		51/1 o———o	2 o— — —o	7 o——---o	4 △— —△
Brennerart		Schlitzbrenner			Siebbrenner
Brausenart		Sieb- und Schlitzbr.	Schlitzbrause		
Abstand Brenner-Brause	mm	12	24		20
Abstand Brenner-Oberfl.	mm	10	12	14	8
Brennerleistung	ℓ/min	2,0	1,5	2,0	2,67
Vorschub-geschwindigkeit	mm/s	1,905	1,233	2,043	1,748

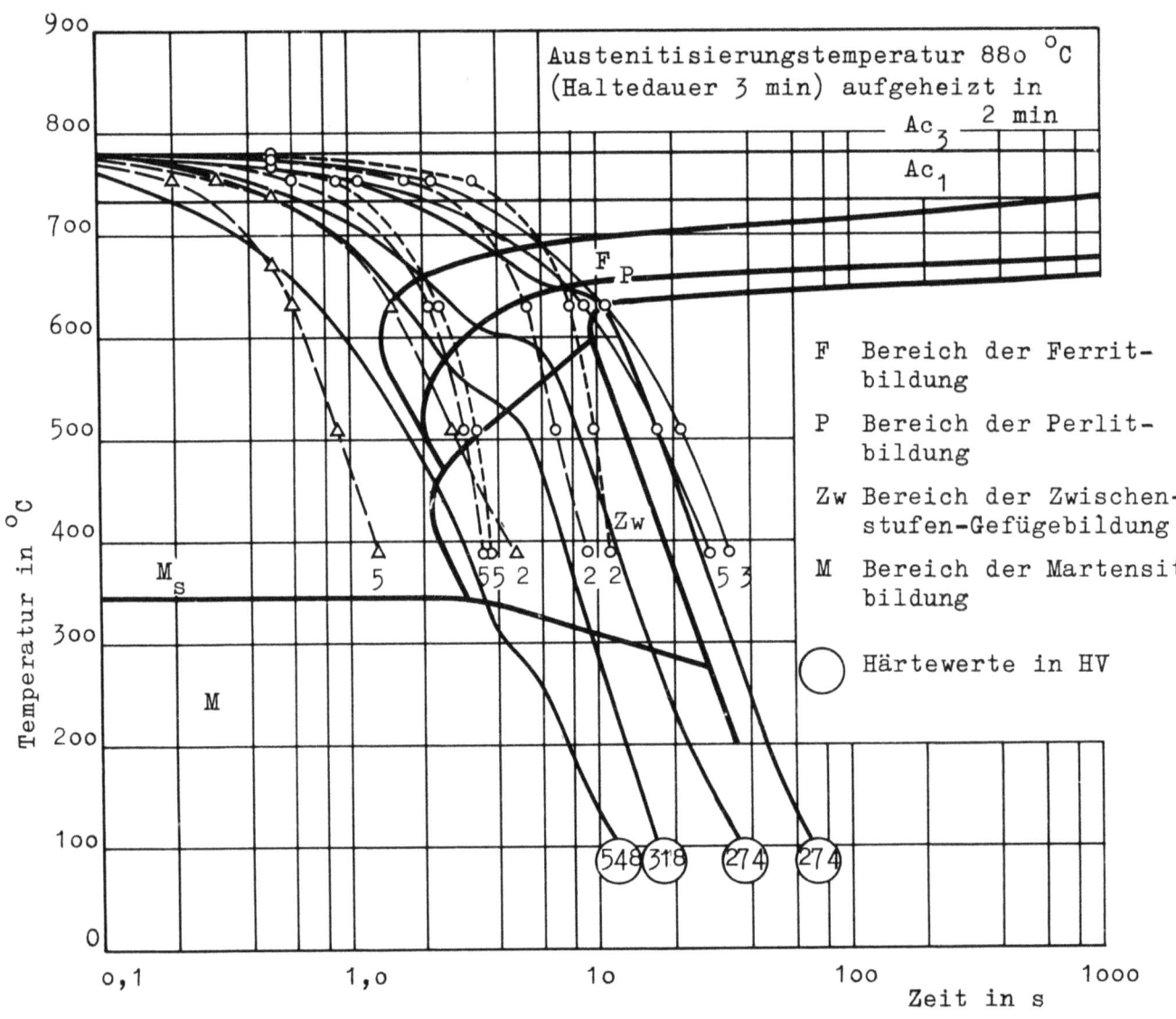

Abbildung 23

Abkühlungsvorgänge beim Flammhärten des Stahles Ck 45 in Beziehung zum ZTU-Bild für kontinuierliche Abkühlung

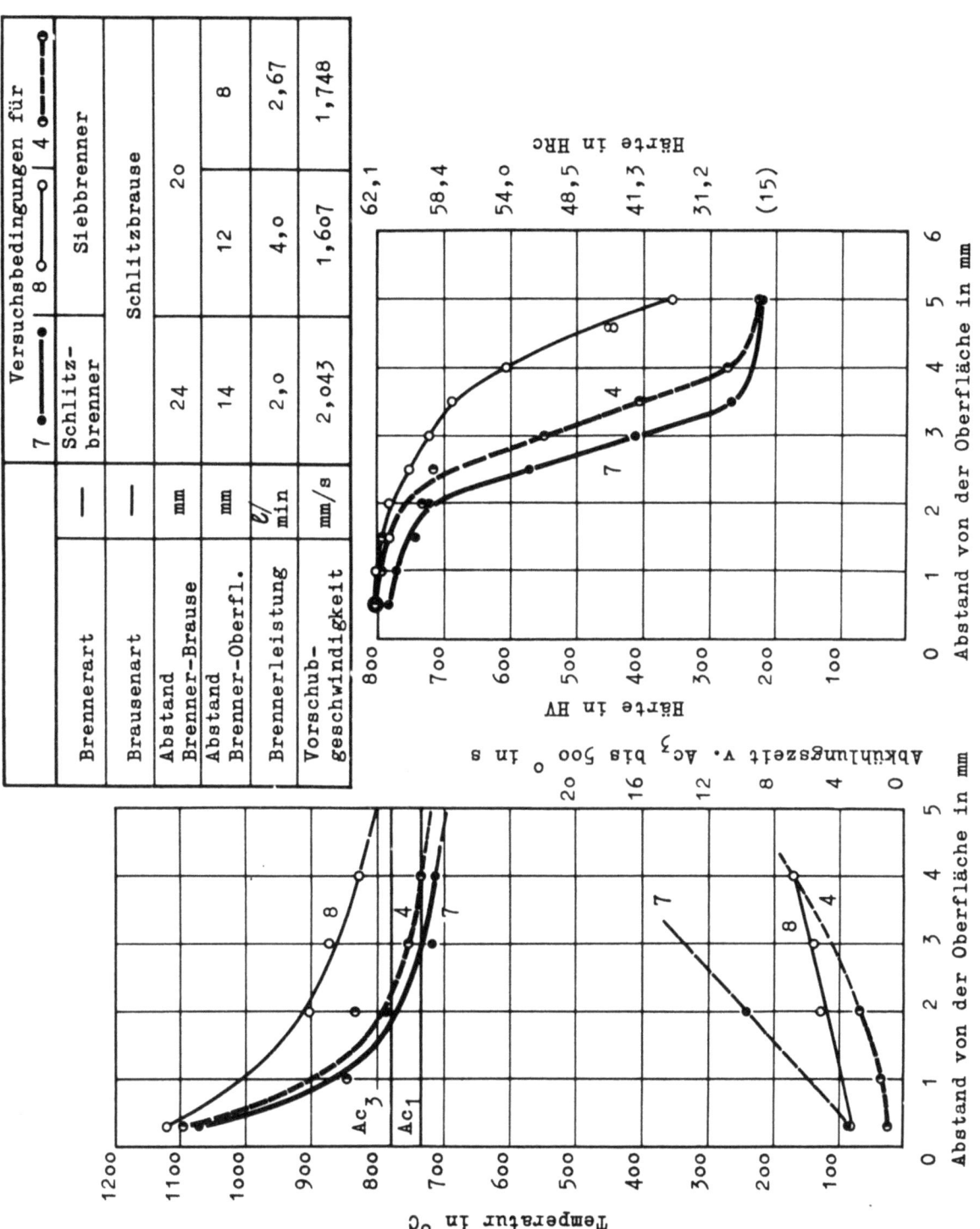

Abbildung 24

Temperaturverteilung, Abkühlungsvorgang und Einhärtung beim Flammhärten des Stahles Ck 45

9. Temperaturverteilung, Abkühlungsvorgänge und Einhärtung beim Stahl Ck 45

Der Zusammenhang zwischen der Temperaturverteilung, der Abkühlungsgeschwindigkeit, ausgedrückt durch die Abkühlungszeit von Ac_3 bis $500°$, und der Einhärtung ist für den Stahl Ck 45 in Abbildung 24 an einigen charakteristischen Beispielen dargestellt.

In der Temperaturverteilung liegt der Versuch 8 am höchsten; durch Extrapolation ergibt sich als Schnittpunkt mit der Ac_3- und Ac_1-Temperatur 5,3 mm bzw. 6,4 mm. Die entsprechenden Werte aus dem Gefüge sind 5,8 mm und 6,7 mm. Trotzdem liegt der Härteabfall auf der Einhärtungskurve bereits in einer Tiefe von etwa 3 bis 5 mm unter der Oberfläche. Das bedeutet, daß die Abkühlung in der erwärmten Oberflächenzone schon in einer Tiefe unterkritisch erfolgt, in der die Ac_3-Temperatur noch lange nicht unterschritten ist. Beispielsweise zeigt die Temperaturverteilungskurve in 3 mm Tiefe noch eine Temperatur von etwa $870°$ an ($Ac_3 = 780°$).

Bei der Probe 4 liegt die Temperaturverteilungskurve niedriger als bei 8, sie schneidet die Ac_3-Linie schon bei 2,3 mm. Infolgedessen ist die Einhärtung schlechter als bei 8, obwohl die Abkühlung auf Grund eines geringeren wirksamen Brausenabstandes schneller erfolgt.

Bei der Probe 7 liegen die Temperaturen noch niedriger als bei 4; die Ac_3-Linie wird bei 1,9 mm geschnitten. Nach den Abkühlungszeiten sollte vollständige Härtung nur in einer sehr dünnen Oberflächenschicht erfolgen. Beide Einflüsse, die niedrigere Temperatur und die geringere Abkühlungsgeschwindigkeit, wirken in Richtung auf eine etwas schlechtere Einhärtung als bei Probe 4.

Wenn auch bei den vorstehenden Beispielen die Reihenfolge bezüglich der Einhärtung zufällig der Reihenfolge der Temperaturverteilung entspricht, so ist hier doch als grundsätzliches Ergebnis zu vermerken, daß bei einem umwandlungsfreudigen Stahl wie dem Ck 45 die Einhärtungstiefe nicht mehr allein durch die Temperaturverteilung bestimmt wird, sondern daß der Abkühlungsvorgang entscheidend mitwirkt. Diese Feststellung wird durch Abbildung 25 noch einmal deutlich gemacht. Hier zeigt sich, daß der Härteabfall bereits in einem Bereich erfolgt, in dem die Ac_3- bzw. Ac_1-Temperatur noch nicht unterschritten ist.

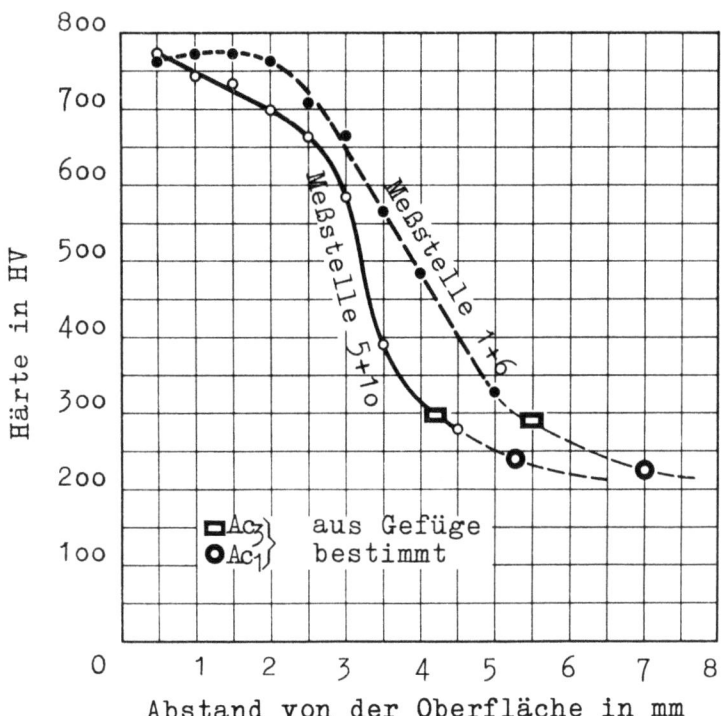

Abbildung 25

Lage der Ac_3- und Ac_1-Temperatur in Beziehung zur Einhärtung beim Flammhärten des Stahles Ck45

10. Schlußfolgerungen aus den Versuchsergebnissen

Das Ergebnis der Untersuchung läßt sich kurz folgendermaßen zusammenfassen:

1. Für den Härtungsvorgang beim Flammhärten spielt die Temperaturverteilung über den Querschnitt eine entscheidende Rolle, insbesondere bei den langsamer umwandelnden Stählen von der Art des 37 MnSi 5. Die kritische Abkühlungsgeschwindigkeit wird hier auch 7 mm unter der Oberfläche noch überschritten. Eine Aufwärmung bis in diese Tiefe kann also gegebenenfalls sinnvoll sein.

Nach dieser grundsätzlichen Festellung kann der Härteübergang unter den beschriebenen Bedingungen nur durch die Temperaturverteilung selbst geändert werden, d.h. er wird breiter, je flacher der Verlauf der Temperaturverteilungskurve zwischen Ac_3 und Ac_1 in der Probe ist.

Will man den ganzen Bereich der im ZTU-Bild dargestellten Übergangsgefüge für den Härteabfall ausnutzen, so muß entweder bis in den Bereich der kritischen Abkühlungsgeschwindigkeit erwärmt werden, oder aber die Abkühlung muß langsamer erfolgen, so daß die kritische Geschwindigkeit bereits in geringerer Tiefe unterschritten wird.

2. Die Temperaturverteilung hängt in erster Linie vom Vorschub ab. In zweiter Linie wird sie von der Brennerleistung und weiterhin von der Brennerart und dem Abstand zwischen Brenner und Brause bestimmt. Der Abstand des Brenners von der Oberfläche ist zwangsläufig durch die Versuchsbedingungen gegeben.

3. Bei schnell umwandelnden Stählen von der Art des Ck 45 tritt in dem Härtungsergebnis neben der Temperaturverteilung auch die Abkühlungsgeschwindigkeit in Erscheinung. Sie begrenzt bei den durchgeführten Versuchen die Schicht vollständiger Härtung auf 2 bis 3 mm. Es ist also unter diesen Umständen zwecklos, ein Werkstück mit dem Ziel einer tieferen Einhärtung wesentlich tiefer zurchzuwärmen. Man muß in diesem Falle im Gegenteil mit einer Verschlechterung der Einhärtung rechnen, da die erreichbare Abkühlungsgeschwindigkeit bei gleicher Abschreckleistung der Brause infolge Zunahme der abzuführenden Wärmemenge zwangsläufig herabgesetzt wird. Dieser Zusammenhang zeigt sich sehr deutlich, wenn man die Tiefe der Einhärtung in Abhängigkeit von der Härtelänge des Werkstückes verfolgt. Während sich hier infolge der Vorwärmung durch die Beiflamme des Brenners bei dem langsam umwandelnden Stahl VM 175 nach den vorstehenden Ausführungen eine eindeutige Zunahme der Einhärtung mit der Härtelänge ergab, konnte beim Stahl Ck 45 in der Mehrzahl der Fälle das Gegenteil festgestellt werden. Allerdings wird der Übergang vom rein martensitischen Gefüge zum Grundgefüge dann breiter, wenn die über Ac_3 erwärmte Zone den Bereich der unteren kritischen Abkühlungsgeschwindigkeit überschreitet.

4. Die Abkühlungsvorgänge werden beeinflußt:
a) durch die Art des Brenners,
b) durch den Abstand zwischen dem Brenner und der Brause,
c) durch die Art und Abschreckleistung der Brause.

Die Abkühlungsvorgänge sind beim Flammhärten nach dem untersuchten Vorschubverfahren so verschieden von denen des Schaubildes, daß nur eine qualitative Aussage über das Härtungsergebnis auf Grund des Schaubildes möglich ist. Bestimmt man für diese andersartigen Abkühlungsvorgänge auf Grund des Härtungsergebnisses die kritischen Abkühlungszeiten und vergleicht sie mit denjenigen, die sich aus dem Umwandlungsschaubild ergeben, so zeigt sich, daß diese Zeiten wesentlich größer sind. Diese Unterschiede sind, wie bereits erwähnt, auf einen Mehrverbrauch an Zeit bei höheren Temperaturen zurückzuführen, die offenbar zur Umwandlung nur unwesentlich beitragen.

Bei dem durch die Untersuchung von A. ROSE und W. STRASSBURG[3] festgestellten Zusammenhang zwischen dem Stirnabschreckversuch und dem kontinuierlichen ZTU-Schaubild ist es auf Grund der vorstehenden Ausführungen sofort verständlich, daß auch dieses Verfahren nur eine quantitative Aussage über das Härtungsergebnis beim Flammhärten zuläßt. Von H.W. GRÖNEGRESS[12] wird eine Faustregel angegeben, wonach die beim Flammhärten maximal erreichbare Härtetiefe im allgemeinen der Hälfte des Abstandes von der Stirnfläche der Stirnabschreckprobe entspricht, bei dem die Härtbarkeitskurve ihren Wendepunkt hat. Würde diese Aussage auf einer gesetzmäßigen Beziehung im physikalischen Sinne beruhen, so müßten die Abkühlungszeiten an diesen sich entsprechenden Stellen gleich sein. Eine Nachprüfung zeigt jedoch auch in diesem Falle, daß die Abkühlungszeiten beim Flammhärten größer sind.

IV. Zusammenfassung

Das große Interesse der Praxis, den Ablauf der Umwandlungsvorgänge beim Schweißen und Flammhärten aufzuklären, gab Veranlassung, diese beiden Verfahren als Beispiele für die Anwendung der ZTU-Schaubilder durch eine Untersuchung herauszustellen. In beiden Fällen sind in den zu behandelnden Werkstücken die Erwärmungsbedingungen von Ort zu Ort verschieden, während die Abkühlungsvorgänge teilweise sehr stark von der normalen "Newtonschen Abkühlung" abweichen. Durch diese Verhältnisse bedingt, bewegen sich die beiden Verfahren an der Grenze der Anwendbarkeit der vorliegenden Umwandlungsschaubilder.

Für das Schweißen können aus den ZTU-Schaubildern noch quantitative Aussagen abgelesen werden, und zwar insbesondere über die mit steigendem Legierungsgehalt - in Stählen höherer Festigkeit - zunehmende Härterißempfindlichkeit mit zunehmender Martensitbildung. Für die angestrebte Weiterentwicklung schweißbarer Großbaustähle mit hohen Festigkeitseigenschaften einerseits und geringer Härterißempfindlichkeit beim Schweißen andererseits weisen die Umwandlungsschaubilder den Weg. Die in sich widersprechenden Forderungen können nur erfüllt werden, wenn die Entwicklung auf Stähle gelenkt wird, die in einem weiten Bereich von Abkühlungsvorgängen, von der langsamen Luftabkühlung dicker Bleche bis zu den schnellen Abkühlungen in der Übergangszone von Schweißnähten, möglichst weitgehend in der Zwischenstufe umwandeln.

Beim Flammhärten sind für den Teil der Verfahren, deren Abkühlungsvorgänge von denen der Schaubilder abweichen, nur noch qualitative Aussagen möglich. Die Übertragung der Abkühlungsvorgänge in die ZTU-Schaubilder für kontinuierliche Abkühlung läßt erkennen, in welcher Weise das Umwandlungsverhalten der Werkstoffe und ihre Erwärmungs- und Abkühlungsbedingungen zusammenwirken und zu den für das Flammhärten kennzeichnende Härtungsergebnissen führen. Man kann ermitteln, welche maximale Einhärtungstiefe erreicht werden kann, und damit auch, bis zu welcher Tiefe eine Erwärmung der Randschicht jeweils noch sinnvoll ist. Das bedeutet auch, daß man die Auswahl der Werkstoffe einerseits und der Verfahrenbedingungen andererseits so aufeinander abstimmen kann, daß die Tiefe und der Verlauf der Einhärtung dem jeweiligen Verwendungszweck angepaßt sind.

Die Darstellung der Umwandlungsvorgänge durch ZTU-Schaubilder hat sich auch in diesen beiden Sonderfällen ihrer Anwendung als äußerst wertvoll für den Betrieb erwiesen. Man wird in Zukunft in der Werkstoffkunde auf dieses Hilfsmittel nicht mehr verzichten können.

                                                  Prof. Dr. phil. F. WEVER
                                                Dr. phil. A. ROSE
                                                Dipl.-Ing. L. RADEMACHER

Die Abbildungen 1 - 25 konnten mit freundlicher Genehmigung der Firma Verlag Stahleisen m.b.H., Düsseldorf, wiedergegeben werden.

V. Literaturverzeichnis

1) WEVER, F., A. ROSE und W. STRASSBURG — Forschungsbericht Nr. 75 des Wirtschafts- und Verkehrsministeriums Nordrhein-Westfalen. Köln und Opladen 1954

2) WEVER, F. und A. ROSE — Stahl und Eisen 74 (1954), Heft 12, S. 749/60

3) ROSE, A. und W. STRASSBURG — Arch.Eisenhüttenw. 24 (1953), Heft 11/12, S. 5o5/14

4) ROSE, A. und D. WILD — Arch.Eisenhüttenwesen demnächst

5) NEHL, F. und A. ROSE — Stahl und Eisen 74 (1954), Heft 17, S. 1o54/62

6) ROSE, A. und L. RADEMACHER — Stahl und Eisen 75 (1955), Heft 4, S. 199/21o

7) NIPPES, E.F. und W.F. SAVAGE — Weld.Res.Counc. (1949) S. 599/616

8) NEHL, F. — Mitt.Ver.Großkesselbes. Nr. 12/13 (1951), S. 228/37; vgl. Stahl und Eisen 71 (1951), Heft 26, S. 1443/44

9) NEHL, F. — Stahl und Eisen 72 (1952), Heft 21, S. 1261/67 und 128o/85

1o) WEVER, F., A. ROSE und W. STRASSBURG — Forschungsbericht Nr. 143 des Wirtschafts- und Verkehrsministeriums Nordrhein-Westfalen. Köln und Opladen 1955

11) ORLICH, P. — Technische Mitteilungen 45 (1952) Heft 8

12) GRÖNEGRESS, H.W. — Werkstatt und Betrieb 86 (1953), Heft 6, S. 295/3oo

FORSCHUNGSBERICHTE
DES WIRTSCHAFTS- UND VERKEHRSMINISTERIUMS
NORDRHEIN-WESTFALEN

Herausgegeben von Staatssekretär Prof. Leo Brandt

Heft 1:
Prof. Dr.-Ing. E. Flegler, Aachen
Untersuchungen oxydischer Ferromagnet-Werkstoffe

Heft 2:
Prof. Dr. W. Fuchs, Aachen
Untersuchungen über absatzfreie Teeröle

Heft 3:
Techn.-Wissenschaftl. Büro für die Bastfaserindustrie, Bielefeld
Untersuchungsarbeiten zur Verbesserung des Leinenwebstuhls

Heft 4:
Prof. Dr. E. A. Müller und Dipl.-Ing. H. Spitzer, Dortmund
Untersuchungen über die Hitzebelastung in Hüttebetrieben

Heft 5:
Dipl.-Ing. W. Fister, Aachen
Prüfstand der Turbinenuntersuchungen

Heft 6:
Prof. Dr. W. Fuchs, Aachen
Untersuchungen über die Zusammensetzung und Verwendbarkeit von Schwelteerfraktionen

Heft 7:
Prof. Dr. W. Fuchs, Aachen
Untersuchungen über emsländisches Petrolatum

Heft 8:
M. E. Meffert und H. Stratmann, Essen
Algen-Großkulturen im Sommer 1951

Heft 9:
Techn.-Wissenschaftl. Büro für die Bastfaserindustrie, Bielefeld
Untersuchungen über die zweckmäßige Wicklungsart von Leinengarnkreuzspulen unter Berücksichtigung der Anwendung hoher Geschwindigkeiten des Garnes
Vorversuche für Zetteln und Schären von Leinengarnen auf Hochleistungsmaschinen

Heft 10:
Prof. Dr. W. Vogel, Köln
„Das Streifenpaar" als neues System zur mechanischen Vergrößerung kleiner Verschiebungen und seine technischen Anwendungsmöglichkeiten

Heft 11:
Laboratorium für Werkzeugmaschinen und Betriebslehre, Technische Hochschule Aachen
1. Untersuchungen über Metallbearbeitung im Fräsvorgang mit Hartmetallwerkzeugen und negativem Spanwinkel
2. Weiterentwicklung des Schleifverfahrens für die Herstellung von Präzisionswerkstücken unter Vermeidung hoher Temperaturen
3. Untersuchung von Oberflächenveredlungsverfahren zur Steigerung der Belastbarkeit hochbeanspruchter Bauteile

Heft 12:
Elektrowärme-Institut, Langenberg (Rhld.)
Induktive Erwärmung mit Netzfrequenz

Heft 13:
Techn.-Wissenschaftl. Büro für die Bastfaserindustrie, Bielefeld
Das Naßspinnen von Bastfasergarnen mit chemischen Zusätzen zum Spinnbad

Heft 14:
Forschungsstelle für Acetylen, Dortmund
Untersuchungen über Aceton als Lösungsmittel für Acetylen

Heft 15:
Wäschereiforschung Krefeld
Trocknen von Wäschestoffen

Heft 16:
Max-Planck-Institut für Kohlenforschung, Mülheim a. d. Ruhr
Arbeiten des MPI für Kohlenforschung

Heft 17:
Ingenieurbüro Herbert Stein, M. Gladbach
Untersuchung der Verzugsvorgänge in den Streckwerken verschiedener Spinnereimaschinen. 1. Bericht: Vergleichende Prüfung mit verschiedenen Dickenmeßgeräten

Heft 18:
Wäschereiforschung Krefeld
Grundlagen zur Erfassung der chemischen Schädigung beim Waschen

Heft 19:
Techn.-Wissenschaftl. Büro für die Bastfaserindustrie, Bielefeld
Die Auswirkung des Schlichtens von Leinengarnketten auf den Verarbeitungswirkungsgrad, sowie die Festigkeit und Dehnungsverhältnisse der Garne und Gewebe

Heft 20:
Techn.-Wissenschaftl. Büro für die Bastfaserindustrie, Bielefeld
Trocknung von Leinengarnen I
Vorgang und Einwirkung auf die Garnqualität

Heft 21:
Techn.-Wissenschaftl. Büro für die Bastfaserindustrie, Bielefeld
Trocknung von Leinengarnen II
Spulenanordnung und Luftführung beim Trocknen von Kreuzspulen

Heft 22:
Techn.-Wissenschaftl. Büro für die Bastfaserindustrie, Bielefeld
Die Reparaturanfälligkeit von Webstühlen

Heft 23:
Institut für Starkstromtechnik, Aachen
Rechnerische und experimentelle Untersuchungen zur Kenntnis der Metadyne als Umformer von konstanter Spannung auf konstanten Strom

Heft 24:
Institut für Starkstromtechnik, Aachen
Vergleich verschiedener Generator-Metadyne-Schaltungen in bezug auf statisches Verhalten

Heft 25:
Gesellschaft für Kohlentechnik mbH., Dortmund-Eving
Struktur der Steinkohlen und Steinkohlen-Kokse

Heft 26:
Techn.-Wissenschaftl. Büro für die Bastfaserindustrie, Bielefeld
Vergleichende Untersuchungen zweier neuzeitlicher Ungleichmäßigkeitsprüfer für Bänder und Garne hinsichtlich ihrer Eignung für die Bastfaserspinnerei

Heft 27:
Prof. Dr. E. Schratz, Münster
Untersuchungen zur Rentabilität des Arzneipflanzenanbaues Römische Kamille, Anthemis nobilis L.

Heft 28:
Prof. Dr. E. Schratz, Münster
Calendula officinalis L. Studien zur Ernährung, Blütenfüllung und Rentabilität der Drogengewinnung

Heft 29:
Techn.-Wissenschaftl. Büro für die Bastfaserindustrie, Bielefeld
Die Ausnützung der Leinengarne in Geweben

Heft 30:
Gesellschaft für Kohlentechnik mbH., Dortmung-Eving
Kombinierte Entaschung und Verschwelung von Steinkohle; Aufarbeitung von Steinkohlenschlämmen zu verkokbarer oder verschwelbarer Kohle

Heft 31:
Dipl.-Ing. Störmann, Essen
Messung des Leistungsbedarfs von Doppelsteg-Kettenförderern

Heft 32:
Techn.-Wissenschaftl. Büro für die Bastfaserindustrie, Bielefeld
Der Einfluß der Natriumchloridbleiche auf Qualität und Verwebbarkeit von Leinengarnen und die Eigenschaften der Leinengewebe unter besonderer Berücksichtigung des Einsatzes von Schützen- und Spulenwechselautomaten in der Leinenweberei

Heft 33:
Kohlenstoffbiologische Forschungsstation e. V.
Eine Methode zur Bestimmung von Schwefeldioxyd und Schwefelwasserstoff in Rauchgasen und in der Atmosphäre

Heft 34:
Textilforschungsanstalt Krefeld
Quellungs- und Entquellungsvorgänge bei Faserstoffen

Heft 35:
Professor Dr. W. Kast, Krefeld
Feinstrukturuntersuchungen an künstlichen Zellulosefasern verschiedener Herstellungsverfahren

Heft 36:
Forschungsinstitut der feuerfesten Industrie, Bonn
Untersuchungen über die Trocknung von Rohton
Untersuchungen über die chemische Reinigung von Silika- und Schamotte-Rohstoffen mit chlorhaltigen Gasen

Heft 37:
Forschungsinstitut der feuerfesten Industrie, Bonn
Untersuchungen über den Einfluß der Probenvorbereitung auf die Kaltdruckfestigkeit feuerfester Steine

Heft 38:
Forschungsstelle für Acetylen, Dortmund
Untersuchungen über die Trocknung von Acetylen zur Herstellung von Dissousgas

Heft 39:
Forschungsgesellschaft Blechverarbeitung e. V., Düsseldorf
Untersuchungen an prägegemusterten und vorgelochten Blechen

Heft 40:
Landesgeologe Dr.-Ing. W. Wolff, Amt für Bodenforschung, Krefeld
Untersuchungen über die Anwendbarkeit geophysikalischer Verfahren zur Untersuchung von Spateisengängen im Siegerland

Heft 41:
Techn.-Wissenschaftl. Büro für die Bastfaserindustrie, Bielefeld
Untersuchungsarbeiten zur Verbesserung des Leinenwebstuhles II

Heft 42:
Professor Dr. B. Helferich, Bonn
Untersuchungen über Wirkstoffe — Fermente — in der Kartoffel und die Möglichkeit ihrer Verwendung

Heft 43:
Forschungsgesellschaft Blechverarbeitung e. V., Düsseldorf
Forschungsergebnisse über das Beizen von Blechen

Heft 44:
Arbeitsgemeinschaft für praktische Dehnungsmessung, Düsseldorf
Eigenschaften und Anwendungen von Dehnungsmeßstreifen

Heft 45:
Losenhausenwerk Düsseldorfer Maschinenbau AG., Düsseldorf
Untersuchungen von störenden Einflüssen auf die Lastgrenzenanzeige von Dauerschwingprüfmaschinen

Heft 46:
Prof. Dr. W. Fuchs, Aachen
Untersuchungen über die Aufbereitung von Wasser für die Dampferzeugung in Benson-Kesseln

Heft 47:
Prof. Dr.-Ing. K. Krekeler, Aachen
Versuche über die Anwendung der induktiven Erwärmung zum Sintern von hochschmelzenden Metallen sowie zur Anlegierung und Vergütung von aufgespritzten Metallschichten mit dem Grundwerkstoff

Heft 48:
Max-Planck-Institut für Eisenforschung, Düsseldorf
Spektrochemische Analyse der Gefügebestandteile in Stählen nach ihrer Isolierung

Heft 49:
Max-Planck-Institut für Eisenforschung, Düsseldorf
Untersuchungen über Ablauf der Desoxydation und die Bildung von Einschlüssen in Stählen

Heft 50:
Max-Planck-Institut für Eisenforschung, Düsseldorf
Flammenspektralanalytische Untersuchung der Ferritzusammensetzung in Stählen

Heft 51:
Verein zur Förderung von Forschungs- und Entwicklungsarbeiten in der Werkzeugindustrie e. V., Remscheid
Untersuchungen an Kreissägeblättern für Holz, Fehler- und Spannungsprüfverfahren

Heft 52:
Forschungsstelle für Azetylen, Dortmund
Untersuchungen über den Umsatz bei der explosiblen Zersetzung von Azetylen
   a) Zersetzung von gasförmigem Azetylen,
   b) Zersetzung von an Silikagel adsorbiertem Azetylen

Heft 53:
Professor Dr.-Ing. H. Opitz, Aachen
Reibwert- und Verschleißmessungen an Kunststoffgleitführungen für Werkzeugmaschinen

Heft 54:
Professor Dr.-Ing. F. A. F. Schmidt, Aachen
Schaffung von Grundlagen für die Erhöhung der spez. Leistung und Herabsetzung des spez. Brennstoffverbrauches bei Ottomotoren mit Teilbericht über Arbeiten an einem neuen Einspritzverfahren

Heft 55:
Forschungsgesellschaft Blechverarbeitung e. V., Düsseldorf
Chemisches Glänzen von Messing und Neusilber

Heft 56:
Forschungsgesellschaft Blechverarbeitung e. V., Düsseldorf
Untersuchungen über einige Probleme der Behandlung von Blechoberflächen

Heft 57:
Prof. Dr.-Ing. F. A. F. Schmidt, Aachen
Untersuchungen zur Erforschung des Einflusses des chemischen Aufbaues des Kraftstoffes auf sein Verhalten im Motor und in Brennkammern von Gasturbinen

Heft 58:
Gesellschaft für Kohlentechnik m. b. H., Dortmund
Herstellung und Untersuchung von Steinkohlenschwelteer

Heft 59:
Forschungsinstitut der Feuerfest-Industrie e. V., Bonn
Ein Schnellanalysenverfahren zur Bestimmung von Aluminiumoxyd, Eisenoxyd und Titanoxyd in feuerfestem Material mittels organischer Farbreagenzien auf photometrischem Wege
Untersuchungen des Alkali-Gehaltes feuerfester Stoffe mit dem Flammenphotometer nach Riehm-Lange

Heft 60:
Forschungsgesellschaft Blechverarbeitung e. V., Düsseldorf
Untersuchungen über das Spritzlackieren im elektrostatischen Hochspannungsfeld

Heft 61:
Verein zur Förderung von Forschungs- und Entwicklungsarbeiten in der Werkzeugindustrie e. V., Remscheid
Schwingungs- und Arbeitsverhalten von Kreissägeblättern für Holz

Heft 62:
Professor Dr. W. Franz, Institut für theoretische Physik der Universität Münster
Berechnung des elektrischen Durchschlags durch feste und flüssige Isolatoren

Heft 63:
Textilforschungsanstalt Krefeld
Neue Methoden zur Untersuchung der Wirkungsweise von Textilhilfsmitteln
Untersuchungen über Schlichtungs- und Entschlichtungsvorgänge

Heft 64:
Textilforschungsanstalt Krefeld
Die Kettenlängenverteilung von hochpolymeren Faserstoffen
Über die fraktionierte Fällung von Polyamiden

Heft 65:
Fachverband Schneidwarenindustrie, Solingen
Untersuchungen über das elektrolytische Polieren von Tafelmesserklingen aus rostfreiem Stahl

Heft 66:
Dr.-Ing. P. Füsgen VDI †, Düsseldorf
Untersuchungen über das Auftreten des Ratterns bei selbsthemmenden Schneckengetrieben und seine Verhütung

Heft 67:
Heinrich Wösthoff o. H. G., Apparatebau, Bochum
Entwicklung einer chemisch-physikalischen Apparatur zur Bestimmung kleinster Kohlenoxyd-Konzentrationen

Heft 68:
Kohlenstoffbiologische Forschungsstation e. V., Essen
Algengroßkulturen im Sommer 1952
II. Über die unsterile Großkultur von Scenedesmus obliquus

Heft 69:
Wäschereiforschung Krefeld
Bestimmung des Faserabbaues bei Leinen unter besonderer Berücksichtigung der Leinengarnbleiche

Heft 70:
Wäschereiforschung Krefeld
Trocknen von Wäschestoffen

Heft 71:
Prof. Dr.-Ing. K. Leist, Aachen
Kleingasturbinen, insbesondere zum Fahrzeugantrieb

Heft 72:
Prof. Dr.-Ing. K. Leist, Aachen
Beitrag zur Untersuchung von stehenden geraden Turbinengittern mit Hilfe von Druckverteilungsmessungen

Heft 73:
Prof. Dr.-Ing. K. Leist, Aachen
Spannungsoptische Untersuchungen von Turbinenschaufelfüßen

Heft 74:
Max-Planck-Institut für Eisenforschung, Düsseldorf
Versuche zur Klärung des Umwandlungsverhaltens eines sonderkarbidbildenden Chromstahls

Heft 75:
Max-Planck-Institut für Eisenforschung, Düsseldorf
Zeit-Temperatur-Umwandlungs-Schaubilder als Grundlage der Wärmebehandlung der Stähle

Heft 76:
Max-Planck-Institut für Arbeitsphysiologie, Dortmund
Arbeitstechnische und arbeitsphysiologische Rationalisierung von Mauersteinen

Heft 77:
Meteor Apparatebau Paul Schmeck G. m. b H., Siegen
Entwicklung von Leuchtstoffröhren hoher Leistung

Heft 78:
Forschungsstelle für Acetylen, Dortmund
Über die Zustandsgleichung des gasförmigen Acetylens und das Gleichgewicht Acetylen — Aceton

Heft 79:
Techn.-Wissenschaftl. Büro für die Bastfaserindustrie, Bielefeld
Trocknung von Leinengarnen III
Spinnspulen- und Spinnkopstrocknung
Vorgang und Einwirkung auf die Garnqualität

Heft 80:
Techn.-Wissenschaftl. Büro für die Bastfaserindustrie, Bielefeld
Die Verarbeitung von Leinengarn auf Webstühlen mit und ohne Oberbau

Heft 81:
Prüf- und Forschungsinstitut für Ziegeleierzeugnisse, Essen-Kray
Die Einführung des großformatigen Einheits-Gitterziegels im Lande Nordrhein-Westfalen

Heft 82:
Vereinigte Aluminium-Werke AG., Bonn
Forschungsarbeiten auf dem Gebiet der Veredelung von Aluminium-Oberflächen

Heft 83:
Prof. Dr. S. Strugger, Münster
Über die Struktur der Proplastiden

Heft 84:
Dr. H. Baron, Düsseldorf
Über Standardisierung von Wundtextilien

Heft 85:
Textilforschungsanstalt Krefeld
Physikalische Untersuchungen an Fasern, Fäden, Garnen und Geweben:
Untersuchungen am Knickscheuergerät nach Weltzien

Heft 86:
Prof. Dr.-Ing. H. Opitz, Aachen
Untersuchungen über das Fräsen von Baustahl sowie über den Einfluß des Gefüges auf die Zerspanbarkeit

Heft 87:
Gemeinschaftsausschuß Verzinken, Düsseldorf
Untersuchungen über Güte von Verzinkungen

Heft 88:
Gesellschaft für Kohlentechnik mbH., Dortmund-Eving
Oxydation von Steinkohle mit Salpetersäure

Heft 89:
Verein Deutscher Ingenieure, Gleitlagerforschung, Düsseldorf und Prof. Dr.-Ing. G. Vogelpohl, Göttingen
Versuche mit Preßstoff-Lagern für Walzwerke

Heft 90:
Forschungs-Institut der Feuerfest-Industrie, Bonn
Das Verhalten von Silikasteinen im Siemens-Martin-Ofengewölbe

Heft 91:
Forschungs-Institut der Feuerfest-Industrie, Bonn
Untersuchungen des Zusammenhangs zwischen Leistung und Kohlenverbrauch von Kammeröfen zum Brennen von feuertesten Materialien

Heft 92:
Techn.-Wissenschaftl. Büro für die Bastfaserindustrie, Bielefeld und Laboratorium für textile Meßtechnik, M.-Gladbach
Messungen von Vorgängen am Webstuhl

Heft 93:
Prof. Dr. W. Kast, Krefeld
Spinnversuche zur Strukturerfassung künstlicher Zellulosefasern

Heft 94:
Prof. Dr. G. Winter, Bonn
Die Heilpflanzen des MATTHIOLUS (1611) gegen Infektionen der Harnwege und Verunreinigung der Wunden bzw. zur Förderung der Wundheilung im Lichte der Antibiotikaforschung

Heft 95:
Prof. Dr. G. Winter, Bonn
Untersuchungen über die flüchtigen Antibiotika aus der Kapuziner- (Tropaeolum maius) und Gartenkresse (Lepidium sativum) und ihr Verhalten im menschlichen Körper bei Aufnahme von Kapuziner- bzw. Gartenkressensalat per os

Heft 96:
Dr.-Ing. P. Koch, Dortmund
Austritt von Exoelektronen aus Metalloberflächen unter Berücksichtigung der Verwendung des Effektes für die Materialprüfung

Heft 97:
Ing. H. Stein, Laboratorium für textile Meßtechnik, M.-Gladbach
Untersuchung der Verzugsvorgänge an den Streckwerken verschiedener Spinnereimaschinen
2. Bericht: Ermittlung der Haft-Gleiteigenschaften von Faserbändern und Vorgarnen

Heft 98:
Fachverband Gesenkschmieden, Hagen
Die Arbeitsgenauigkeit beim Gesenkschmieden unter Hämmern

Heft 99:
Prof. Dr.-Ing. G. Garbotz, Aachen
Der Kraft- und Arbeitsaufwand sowie die Leistungen beim Biegen von Bewehrungsstählen in Abhängigkeit von den Abmessungen, den Formen und der Güte der Stähle (Ermittlung von Leistungsrichtlinien)

Heft 100:
Prof. Dr.-Ing. H. Opitz, Aachen
Untersuchungen von elektrischen Antrieben, Steuerungen und Regelungen an Werkzeugmaschinen

Heft 101:
Prof. Dr.-Ing. H. Opitz, Aachen
Wirtschaftlichkeitsbetrachtungen beim Außenrundschleifen

Heft 102:
Dr. P. Hölemann, Ing. R. Hasselmann und Ing. G. Dix, Dortmund
Untersuchungen über die thermische Zündung von explosiblen Acetylenzersetzungen in Kapillaren

Heft 103:
Prof. Dr. W. Weizel, Bonn
Durchführung von experimentellen Untersuchungen über den zeitlichen Ablauf von Funken in komprimierten Edelgasen sowie zu deren mathematischen Berechnung

Heft 104:
Prof. Dr. W. Weizel, Bonn
Über den Einfluß der Elektroden auf die Eigenschaften von Cadmium-Sulfid-Widerstands-Photozellen

Heft 105:
Dr.-Ing. R. Meldau, Harsewinkel/Westf.
Auswertung von Gekörn — Analysen des Musterstaubes „Flugasche Fortuna I"

Heft 106:
ORR. Dr.-Ing. W. Küch, Dortmund
Untersuchungen über die Einwirkung von feuchtigkeitsgesättigter Luft auf die Festigkeit von Leimverbindungen

Heft 107:
Prof. Dr. H. Lange und Dipl.-Phys. P. St. Pütter, Köln
Über die Konstruktion von Laboratoriumsmagneten

Heft 108:
Prof. Dr. W. Fuchs, Aachen
Untersuchungen über neue Beizmethoden und Beizabwässer
I. Die Entzunderung von Drähten mit Natriumhydrid
II. Die Aufbereitung von Beizabwässern

Heft 109:
Dr. P. Hölemann und Ing. R. Hasselmann, Dortmund
Untersuchungen über die Löslichkeit von Azetylen in verschiedenen organischen Lösungsmitteln

Heft 110:
Dr. P. Hölemann und Ing. R. Hasselmann, Dortmund
Untersuchungen über den Druckverlauf bei der explosiblen Zersetzung von gasförmigem Azetylen

Heft 111:
Fachverband Steinzeugindustrie, Köln
Die Entwicklung eines Gerätes zur Beschickung seitlicher Feuer von Steinzeug-Einzelkammeröfen mit festen Brennstoffen

Heft 112:
Prof. Dr.-Ing. H. Opitz, Aachen
Verschleißmessungen beim Drehen mit aktivierten Hartmetallwerkzeugen

Heft 113:
Prof. Dr. O. Graf, Dortmund
Erforschung der geistigen Ermüdung und nervösen Belastung:
Studien über die vegetative 24-Stunden-Rhythmik in Ruhe und unter Belastung

Heft 114:
Prof. Dr. O. Graf, Dortmund
Studien über Fließarbeitsprobleme an einer praxisnahen Experimentieranlage

Heft 115:
Prof. Dr. O. Graf, Dortmund
Studium über Arbeitspausen in Betrieben bei freier und zeitgebundener Arbeit (Fließarbeit) und ihre Auswirkung auf die Leistungsfähigkeit

Heft 116:
Prof. Dr.-Ing. E. Siebel und Dr.-Ing. H. Weiss, Stuttgart
Untersuchungen an einigen Problemen des Tiefziehens — I. Teil

Heft 117:
Dr.-Ing. H. Beißwänger, Stuttgart, und Dr.-Ing. S. Schwandt, Trier
Untersuchungen an einigen Problemen des Tiefziehens — II. Teil

Heft 118:
Prof. Dr. E. A. Müller und Dr. H. G. Wenzel, Dortmund
Neuartige Klima-Anlage zur Erzeugung ungleicher Luft- und Strahlungstemperaturen in einem Versuchsraum

Heft 119:
Dr.-Ing. O. Viertel, Krefeld
Wäscherei- und energietechnische Untersuchung einer Gemeinschafts-Waschanlage

Heft 120:
Dipl.-Ing. Weisbecker, Lüdenscheid
Über Anfressung an Reinstaluminium-Schweißnähten bei der elektrolytischen Oxydation
Gebr. Hörstermann GmbH., Velbert
Entwicklung und Erprobung eines neuartigen Gummibandförderers

Heft 121:
Dr. H. Krebs, Bonn
I. Die Struktur und die Eigenschaften der Halbmetalle
II. Die Bestimmung der Atomverteilung in amorphen Substanzen
III. Die chemische Bindung in anorganischen Festkörpern und das Entstehen metallischer Eigenschaften

Heft 122:
Prof. Dr. W. Fuchs, Aachen
Untersuchungen zur Verbesserung der Wasseraufbereitung und Wasseranalyse:
Über die Schnellbewertung von Ionenaustauscher

Heft 123:
Dipl.-Ing. J. Emondts, Aachen
Über Bodenverformungen bei stark gestörtem und mächtigem, wasserführendem Deckgebirge im Aachener Steinkohlengebiet

Heft 124:
Prof. Dr. R. Seÿffert, Köln
Wege und Kosten der Distribution der Hausratwaren im Lande Nordrhein-Westfalen

Heft 125:
Prof. Dr. E. Kappler, Münster
Eine neue Methode zur Bestimmung von Kondensations-Koeffizienten von Wasser

Heft 126:
Prof. Dr.-Ing. J. Mathieu, Aachen
Arbeitszeitvergleich
Grundlagen, Methodik und praktische Durchführung

Heft 127:
Güteschutz Betonstein e. V.,
Arbeitskreis Nordrhein-Westfalen, Dortmund
Die Betonwaren-Gütesicherung im Lande Nordrhein-Westfalen

Heft 128:
Prof. Dr. O. Schmitz-DuMont, Bonn
Untersuchungen über Reaktionen in flüssigem Ammoniak

Heft 129:
Prof. Dr.-Ing. J. Mathieu und Dr. C. A. Roos, Aachen
Die Anlernung von Industriearbeitern
I. Ergebnisse einer grundsätzlichen Untersuchung der gegenwärtigen Industriearbeiter-Kurzanlernung

Heft 130:
Prof.-Dr.-Ing. J. Mathieu und Dr. C. A. Roos, Aachen
Die Anlernung von Industriearbeitern
II. Beiträge zur Methodenfrage der Kurzanlernung

Heft 131:
Dr. W. Hoerburger, Köln
Versuche zur Biosynthese von Eiweiß aus Kohlenwasserstoff

Heft 132:
Prof. Dr. W. Seith, Münster
Über Diffusionserscheinungen in festen Metallen

Heft 133:
Prof. Dr. E. Jenckel, Aachen
Über einen für Schwermetalle selektiven Ionenaustauscher

Heft 134:
Prof. Dr.-Ing. H. Winterhager, Aachen
Über die elektrochemischen Grundlagen der Schmelzfluß-Elektrolyse von Bleisulfid in geschmolzenen Mischungen mit Bleichlorid

Heft 135:
Prof. Dr.-Ing. K. Krekeler und Dr.-Ing. H. Peukert, Aachen
Die Änderung der mechanischen Eigenschaften thermoplastischer Kunststoffe durch Warmrecken

Heft 136:
Dipl.-Phys. P. Pilz, Remscheid
Über spezielle Probleme der Zerkleinerungstechnik von Weichstoffen

Heft 137:
Prof. Dr. W. Baumeister, Münster
Beiträge zur Mineralstoffernährung der Pflanzen

Heft 138:
Dr. P. Hölemann und Ing. R. Hasselmann, Dortmund
Untersuchungen über die Zersetzungswärme von gasförmigem und in Azeton gelöstem Azetylen

Heft 139:
Prof. Dr. W. Fuchs, Aachen
Studien über die thermische Zersetzung der Kohle und die Kohledestillatprodukte

Heft 140:
Dr.-Ing. G. Hausberg, Essen
Modellversuche an Zyklonen

Heft 141:
Dr. J. van Calker und Dr. R. Wienecke, Münster
Untersuchungen über den Einfluß dritter Analysenpartner auf die spektrochemische Analyse

Heft 142:
Dipl.-Ing. G. M. F. Wiebel, Hannover, A. Konermann und A. Ottenheym, Sennelager
Entwicklung eines Kalksandleichtsteines

Heft 143:
Prof. Dr. F. Wever, Dr. A. Rose und Dipl.-Ing. W. Straßburg, Düsseldorf
Härtbarkeit und Umwandlungsverhalten der Stähle

Heft 144:
Prof. Dr. H. Wurmbach, Bonn
Steuerung von Wachstum und Formbildung

Heft 145:
Dr. G. Hennemann, Werdohl (Westf.)
Beitrag zur Interpretation der modernen Atomphysik

Heft 146:
Dr.-Ing. F. Gruß, Düsseldorf
Sterilisation mit Heißluft

Heft 147:
Dr.-Ing. W. Rudisch, Unna
Untersuchung einer drehelastischen Elektromagnet-Synchronkupplung

Heft 148:
Prof. Dr. H. Bittel und Dipl.-Phys. L. Storm, Münster
Untersuchungen über Widerstandsrauschen

Heft 149:
Dipl.-Ing. K. Konopicky und Dipl.-Chem. P. Kampa, Bonn
I. Beitrag zur flammenphotometrischen Bestimmung des Calciums
Dr.-Ing. K. Konopicky, Bonn
II. Die Wanderung von Schlackenbestandteilen in feuerfesten Baustoffen

Heft 150:
Prof. Dr.-Ing. O. Kienzle und Dipl.-Ing. W. Timmerbeil, Hannover
Das Durchziehen enger Kragen an ebenen Fein- und Mittelblechen

Heft 151:
Dipl.-Ing. P. Karabasch, Aachen
Feststellung des optimalen Gasgehaltes von Bronzen zur Erzielung druckdichter Gußstücke

Heft 152:
Dipl.-Ing. G. Müller, Köln
Ermittlung der Laufeigenschaften (Vergießbarkeit) von Bronze und Rotguß mittels der Schneider-Gießspirale

Heft 153:
Prof. Dr. F. Wever, Dr.-Ing. W. A. Fischer und Dipl.-Ing. J. Engelbrecht, Düsseldorf
I. Die Reduktion sauerstoffhaltiger Eisenschmelzen im Hochvakuum mit Wasserstoff und Kohlenstoff
II. Einfluß geringer Sauerstoffgehalte auf das Gefüge und Alterungsverhalten von Reineisen

Heft 154:
Prof. Dr.-Ing. P. Bardenheuer und Dr.-Ing. W. A. Fischer, Düsseldorf
Die Verschlackung von Titan aus Stahlschmelzen im sauren und basischen Hochfrequenzofen unter verschiedenen Schlacken

Heft 155:
Dipl.-Phys. K. H. Schirmer, München
Die auf Grau abgestimmte Farbwiedergabe im Dreifarbenbuchdruck

Heft 156:
Prof. Dr.-Ing. B. von Borries und Mitarbeiter, Düsseldorf
Die Entwicklung regelbarer permanentmagnetischer Elektronenlinsen hoher Brechkraft und eines mit ihnen ausgerüsteten Elektronenmikroskopes neuer Bauart

Heft 157:
Dr. W. Jawtusch, Dr. G. Schuster und Prof. Dr.-Ing. R. Jaeckel, Bonn
Untersuchungen über die Stoßvorgänge zwischen neutralen Atomen und Molekülen

Heft 158:
Dipl.-Ing. W. Rosenkranz, Meinerzhagen
Ein Beitrag zum Problem der Spannungskorrosion bei Preßprofilen und Preßteilen aus Aluminium-Legierungen

Heft 159:
Dr.-Ing. O. Viertel und O. Oldenroth, Krefeld
Das Bleichen von Weißwäsche mit Wasserstoffsuperoxyd bzw. Natriumhypochlorit beim maschinellen Waschen

Heft 160:
Prof. Dr. W. Klemm, Münster
Über neue Sauerstoff- und Fluor-haltige Komplexe

Heft 161:
Prof. Dr. W. Weltzien und Dr. G. Hauschild, Krefeld
Über Silikone und ihre Anwendung in der Textilveredlung

Heft 162:
Prof. Dr. F. Wever, Prof. Dr. A. Knochendörfer und Dr.-Ing. Chr. Rohrbach, Düsseldorf
Kennzeichnung der Sprödbruchneigung von Stählen durch Messung der Fließspannung, Reißspannung und Brucheinschnürung an dreiachsig beanspruchten Proben

Heft 163:
Dipl.-Ing. W. Rohs und Text.-Ing. H. Griese, Bielefeld
Untersuchungsarbeiten zur Verbesserung des Leinenwebstuhles III

Heft 164:
Dr.-Ing. H. Schmachtenberg, Köln
Neuartige Prüfeinrichtungen für Kraftfahrzeuge

Heft 165:
Dr.-Ing. W. Wilhelm, Aachen
Instationäre Gasströmung im Auspuffsystem eines Zweitaktmotors

Heft 166:
Prof. Dr. M. von Stackelberg, Dr. H. Heindze, Dr. H. Hübschke und Dr. K. H. Frangen, Bonn
Kolloidchemische Untersuchungen

Heft 167:
Prof. Dr.-Ing. F. Schuster, Essen
I. Über die Heißkarburierung von Brenngasen mit Ölen und Teeren
II. Die Strahlungsvorgänge in brennstoffbeheizten Öfen bei verschiedenen Verbrennungsatmosphären

Heft 168:
Prof. Dr.-Ing. F. Schuster, Essen
I. Luftvorwärmung an Gasfeuerungen
II. Heizwerthöhe von Brenngasen und Wirkungsgrad sowie Gasverbrauch bei der Gasverwendung
III. Sauerstoffangereicherte Luft und feuerungstechnische Kenngrößen von Brenngasen

Heft 169:
Forschungsinstitut für Pigmente und Lacke, Stuttgart
Arbeiten über die Bestimmung des Gebrauchswertes von Lackfilmen durch physikalische Prüfungen

Heft 170:
Prof. Dr. F. Wever, Dr. A. Rose und Dipl.-Ing. L. Rademacher, Düsseldorf
Anwendung der Umwandlungsschaubilder auf Fragen der Werkstoffauswahl beim Schweißen und Flammhärten

Heft 171:
Wäschereiforschung, Krefeld
Untersuchung der Wäscheentwässerung mit Hilfe von Zentrifugen und Pressen

Heft 172:
Dipl.-Ing. W. Rohs, Dr.-Ing. G. Satlow und Text.-Ing. G. Heller, Bielefeld
Trocknung von Hanfgarnen. Kreuzspultrocknung

Heft 173:
Prof. Dr. W. Kast, Krefeld, Prof. Dr. R. Hosemann und Dipl.-Phys. G. Schoknecht, Berlin
Lichtoptische Herstellung und Diskussion der Faltungsquadrate parakristalliner Gitter

Heft 174:
Prof. Dr. W. von Fragstein, Dr. J. Meingast und H. Hoch, Köln
Herstellung von Solen einheitlicher Teilchengröße und Ermittlung ihrer optischen Eigenschaften

Heft 175:
Dr.-Ing. H. Zeller, Aachen
Beitrag zur eindimensionalen stationären und nichtstationären Gasströmung mit Reibung und Wärmeleitung insbesondere in Rohren mit unstetigen Querschnittsänderungen

Heft 176:
Dipl.-Ing. H. Schöberl, Duisburg
Über die Methoden zur Ermittlung der Verbrennungstemperatur von Brennstoffen und ein Vorschlag zu ihrer Verbesserung

Heft 177:
Dipl.-Ing. H. Stüdemann, Solingen, und Dr.-Ing. W. Müchler, Essen
Entwicklung eines Verfahrens zur zahlenmäßigen Bestimmung der Schneideigenschaften von Messerklingen

Heft 178:
Prof. Dr. M. von Stackelberg und Dr. W. Hans, Bonn
Untersuchungen zur Ausarbeitung und Verbesserung von polarographischen Analysenmethoden

Heft 179:
Dipl.-Ing. H. F. Reineke, Bochum
Entwicklungsarbeiten auf dem Gebiete der Meß- und Regeltechnik

Heft 180:
Dr.-Ing. W. Piepenburg, Dipl.-Ing. B. Bühling und Bauing. J. Behnke, Köln
Putzarbeiten im Hochbau und Versuche mit aktiviertem Mörtel und mechanischem Mörtelauftrag

Heft 181:
Prof. Dr. W. Franz, Münster
Theorie der elektrischen Leitvorgänge in Halbleitern und isolierenden Festkörpern bei hohen elektrischen Feldern

Heft 182:
Dr.-Ing. P. Schenk und Dr. K. Osterloh, Düsseldorf
Katalytisch-thermische Spaltung von gasförmigen und flüssigen Kohlenwasserstoffen zur Spitzengaserzeugung

Heft 183:
Dr. W. Bornheim, Köln
Entwicklungsarbeiten an Flaschen- und Ampullen-Behandlungsmaschinen für die pharmazeutische Industrie

Heft 184:
Dr.-Ing. E. Printz, Kettwig
Vollhydraulische Parallel-Kupplung für Ackerschlepper

Heft 185:
Dipl.-Ing. W. Rohs und Text.-Ing. G. Heller, Bielefeld
Studien an einem neuzeitlichen Kreuzspultrockner für Bastfasergarne mit Wiederbefeuchtungszone

Heft 186:
Dr. E. Wedekind, Krefeld
Untersuchungen zur Arbeitsbestgestaltung bei der Fertigstellung von Oberhemden in gewerblichen Wäschereien

Heft 187:
Dipl.-Ing. F. Göttgens, Essen
Über die Eigenarten der Bimetall-, Thermo- und Flammenionisationssicherungsmethode in ihrer Anwendung auf Zündsicherungen

Heft 188:
W. Kinnebrock, Langenberg
Der Einfluß des Austausches gleicher Gaskochbrenner bzw. Gaskochbrennerteile auf den Wirkungsgrad und insbesondere auf den CO-Gehalt der Verbrennungsgase

Heft 189:
Fa. E. Leybold's Nachfolger, Köln
I. Ausgewählte Kapitel aus der Vakuumtechnik
II. Zum Verlust anorganisch-nichtflüchtiger Substanzen während der Gefriertrocknung

Heft 190:
Prof. Dr. A. Neuhaus, Prof. Dr. O. Schmitz-DuMont und Dipl.-Chem. H. Reckhard, Bonn
Zur Kenntnis der Alkalititanate

Heft 191:
Dr.-Ing. H. Söhngen, Darmstadt
Schwingungsverhalten eines Schaufelkranzes im Vakuum

Heft 192:
Dipl.-Phys. E. M. Schneider, München
Kohlebogenlampen für Aufnahme und Kopie

Heft 193:
Prof. Dr. O. Schmitz-DuMont, Bonn
Untersuchungen über neue Pigmentfarbstoffe

Heft 194:
Dr. K. Hecht, Köln
Entwicklung neuartiger physikalischer Unterrichtsgeräte

Heft 195:
Dr.-Ing. E. Rößger, Köln
Gedanken über einen neuen deutschen Luftverkehr

Heft 196:
Dipl.-Ing. W. Rohs und Text.-Ing. H. Griese, Bielefeld
Auswirkungen von Garnfehlern bei der Verarbeitung von Leinengarnen

Heft 197:
Dr. E. Wedekind, Krefeld
Untersuchungen zur Bestimmung der optimalen Arbeitsplatzgröße bei Mehrstuhlarbeit in der Weberei

Heft 198:
Prof. Dr. J. Weissinger, Karlsruhe
Zur Aerodynamik des Ringflügels. Die Druckverteilung dünner, fast drehsymmetrischer Flügel in Unterschallströmung

VERÖFFENTLICHUNGEN DER ARBEITSGEMEINSCHAFT FÜR FORSCHUNG DES LANDES NORDRHEIN-WESTFALEN

Naturwissenschaften

Heft 1:
Prof. Dr.-Ing. F. Seewald, Aachen
Neue Entwicklungen auf dem Gebiet der Antriebsmaschinen
Prof. Dr.-Ing. F. A. F. Schmidt, Aachen
Technischer Stand und Zukunftsaussichten der Verbrennungsmaschinen, insbesondere der Gasturbinen
Dr.-Ing. R. Friedrich, Mülheim (Ruhr)
Möglichkeiten und Voraussetzungen der industriellen Verwertung der Gasturbine

Heft 2:
Prof. Dr.-Ing. W. Riezler, Bonn
Probleme der Kernphysik
Prof. Dr. Micheel, Münster
Isotope als Forschungsmittel in der Chemie und Biochemie

Heft 3:
Prof. Dr. E. Lehnartz, Münster
Der Chemismus der Muskelmaschine
Prof. Dr. G. Lehmann, Dortmund
Physiologische Forschung als Voraussetzung der Bestgestaltung der menschlichen Arbeit
Prof. Dr. H. Kraut, Dortmund
Ernährung und Leistungsfähigkeit

Heft 4:
Prof. Dr. F. Wever, Düsseldorf
Aufgaben der Eisenforschung
Prof. Dr.-Ing. H. Schenck, Aachen
Entwicklungslinien des deutschen Eisenhüttenwesens
Prof. Dr.-Ing. M. Haas, Aachen
Wirtschaftliche Bedeutung der Leichtmetalle und ihre Entwicklungsmöglichkeiten

Heft 5:
Prof. Dr. W. Kikuth, Düsseldorf
Virusforschung
Prof. Dr. R. Danneel, Bonn
Fortschritte der Krebsforschung
Prof. Dr. W. Schulemann, Bonn
Wirtschaftliche und organisatorische Gesichtspunkte für die Verbesserung unserer Hochschulforschung

Heft 6:
Prof. Dr. W. Weizel, Bonn
Die gegenwärtige Situation der Grundlagenforschung in der Physik
Prof. Dr. S. Strugger, Münster
Das Duplikantenproblem in der Biologie
Direktor Dr. F. Gummert, Essen
Überlegungen zu den Faktoren Raum und Zeit im biologischen Geschehen und Möglichkeiten einer Nutzanwendung

Heft 7:
Prof. Dr.-Ing. A. Götte, Aachen
Steinkohle als Rohstoff und Energiequelle
Prof. Dr. Dr. E. h. K. Ziegler, Mülheim/Ruhr
Über Arbeiten des Max-Planck-Institutes für Kohlenforschung

Heft 8:
Prof. Dr.-Ing. W. Fucks, Aachen
Die Naturwissenschaft, die Technik und der Mensch
Prof. Dr. W. Hoffmann, Münster
Wirtschaftliche und soziologische Probleme des technischen Fortschritts

Heft 9:
Prof. Dr.-Ing. F. Bollenrath, Aachen
Zur Entwicklung warmfester Werkstoffe
Prof. Dr. H. Kaiser, Dortmund
Stand spektralanalytischer Prüfverfahren und Folgerung für deutsche Verhältnisse

Heft 10:
Prof. Dr. H. Braun, Bonn
Möglichkeiten und Grenzen der Resistenzzüchtung
Prof. Dr.-Ing. C. H. Dencker, Bonn
Der Weg der Landwirtschaft von der Energieautarkie zur Fremdenergie

Heft 11:
Prof. Dr.-Ing. H. Opitz, Aachen
Entwicklungslinien der Fertigungstechnik in der Metallbearbeitung
Prof. Dr.-Ing. K. Krekeler, Aachen
Stand und Aussichten der schweißtechnischen Fertigungsverfahren

Heft 12:
Dr. H. Rathert, Wuppertal-Elberfeld
Entwicklung auf dem Gebiet der Chemiefaser-Herstellung
Prof. Dr. W. Weltzien, Krefeld
Rohstoff und Veredlung in der Textilwirtschaft

Heft 13:
Dr.-Ing. E. h. K. Herz, Frankfurt a. M.
Die technischen Entwicklungstendenzen im elektrischen Nachrichtenwesen
Staatssekretär Prof. L. Brandt, Düsseldorf
Navigation und Luftsicherung

Heft 14:
Prof. Dr. B. Helferich, Bonn
Stand der Enzymchemie und ihre Bedeutung
Prof. Dr. H. W. Knipping, Köln
Ausschnitt aus der klinischen Carcinomforschung am Beispiel des Lungenkrebses

Heft 15:
Prof. Dr. A. Esau, Aachen
Ortung mit elektrischen und Ultraschallwellen in Technik und Natur
Prof. Dr.-Ing. E. Flegler, Aachen
Die ferromagnetischen Werkstoffe der Elektrotechnik und ihre neueste Entwicklung

Heft 16:
Prof. Dr. R. Seyffert, Köln
Die Problematik der Distribution
Prof. Dr. Theodor Beste, Köln
Der Leistungslohn

Heft 17:
Prof. Dr.-Ing. Seewald, Aachen
Luftfahrtforschung in Deutschland und ihre Bedeutung für die allgemeine Technik
Prof. Dr.-Ing. E. Houdremont, Essen
Art und Organisation der Forschung in einem Industrieforschungsinstitut der Eisenindustrie

Heft 18:
Prof. Dr. W. Schulemann, Bonn
Theorie und Praxis pharmakologischer Forschung
Prof. Dr. W. Groth, Bonn
Technische Verfahren zur Isotopentrennung

Heft 19:
Dipl.-Ing. K. Traenckner, Essen
Entwicklungstendenzen der Gaserzeugung

Heft 20:
M. Zvegintzow, London
Wissenschaftliche Forschung und die Auswertung ihrer Ergebnisse
Ziel u. Tätigkeit der National Research Development Corporation
Dr. A. King, London
Wissenschaft und internationale Beziehungen

Heft 21:
Prof. Dr. R. Schwarz, Aachen
Wesen und Bedeutung der Silicium-Chemie
Prof. Dr. Dr. h. c. K. Alder, Köln
Fortschritte in der Synthese von Kohlenstoffverbindungen

Heft 21 a
Prof. Dr. Dr. h. c. O. Hahn, Göttingen
Die Bedeutung der Grundlagenforschung für die Wirtschaft
Prof. Dr. S. Strugger, Münster
Die Erforschung des Wasser- und Nährsalztransportes im Pflanzenkörper mit Hilfe der fluoreszenzmikroskopischen Kinematographie

Heft 22:
Prof. Dr. J. von Allesch, Göttingen
Die Bedeutung der Psychologie im öffentlichen Leben
Prof. Dr. O. Graf, Dortmund
Triebfedern menschlicher Leistung

Heft 23:
Prof. Dr. Dr. h. c. B. Kuske, Köln
Zur Problematik der wirtschaftswissenschaftlichen Raumforschung
Prof. Dr. Dr.-Ing. E. h. St. Prager, Düsseldorf
Städtebau und Landesplanung

Heft 24:
Prof. Dr. R. Danneel, Bonn
Über die Wirkungsweise der Erbfaktoren
Prof. Dr. K. Herzog, Krefeld
Bewegungsbedarf der menschlichen Gliedmaßengelenke bei der Berufsarbeit

Heft 25:
Prof. Dr. O. Haxel, Heidelberg
Energiegewinnung aus Kernprozessen
Dr.-Ing. Dr. M. Wolf, Düsseldorf
Gegenwartsprobleme der energiewirtschaftlichen Forschung

Heft 26:
Prof. Dr. F. Becker, Bonn
Ultrakurzwellenstrahlung aus dem Weltraum
Dr. H. Straßl, Bonn
Bemerkenswerte Doppelsterne und das Problem der Sternentwicklung

Heft 27:
Prof. Dr. H. Behnke, Münster
Der Strukturwandel der Mathematik in der ersten Hälfte des 20. Jahrhunderts
Prof. Dr. E. Sperner, Hamburg
Eine mathematische Analyse der Luftdruckverteilung in großen Gebieten

Heft 28:
Prof. Dr. O. Niemczyk, Aachen
Die Problematik gebirgsmechanischer Vorgänge im Steinkohlenbergbau
Prof. Dr. W. Ahrens, Krefeld
Die Bedeutung geologischer Forschung für die Wirtschaft besonders in Nordrhein-Westfalen

Heft 29:
Prof. Dr. B. Rensch, Münster
Das Problem der Residuen bei Lernleistungen
Prof. Dr. H. Fink, Köln
Über Leberschäden bei der Bestimmung des biologischen Wertes verschiedener Eiweiße von Mikroorganismen

Heft 30:
Prof. Dr.-Ing. F. Seewald, Aachen
Forschungen auf dem Gebiete der Aerodynamik
Prof. Dr.-Ing. K. Leist, Aachen
Forschungen in der Gasturbinentechnik

Heft 31:
Prof. Dr.-Ing. Dr. h. c. F. Mietzsch, Wuppertal
Chemie und wirtschaftliche Bedeutung der Sulfonamide
Prof. Dr. Dr. h. c. G. Domagk, Wuppertal
Die experimentellen Grundlagen der bakteriellen Infektionen

Heft 32:
Prof. Dr. H. Braun, Bonn
Die Verschleppung von Pflanzenkrankheiten und -schädlingen über die Welt
Prof. Dr. W. Rudorf, Voldagsen
Der Beitrag von Genetik und Züchtung zur Bekämpfung von Viruskrankheiten der Nutzpflanzen

Heft 33:
Prof. Dr.-Ing. V. Aschoff, Aachen
Probleme der elektroakustischen Einkanalübertragung
Prof. Dr.-Ing. H. Döring, Aachen
Erzeugung und Verstärkung von Mikrowellen

Heft 34:
Geheimrat Prof. Dr. Dr. R. Schenck, Aachen
Bedingungen und Gang der Kohlenhydratsynthese im Licht
Prof. Dr. E. Lehnartz, Münster
Die Endstufen des Stoffabbaues im Organismus

Heft 35:
Prof. Dr.-Ing. H. Schenck, Aachen
Gegenwartsprobleme der Eisenindustrie in Deutschland
Prof. Dr.-Ing. Piwowarsky †, Aachen
Gelöste und ungelöste Probleme im Gießereiwesen

Heft 36:
Prof. Dr. W. Riezler, Bonn
Teilchenbeschleuniger
Prof. Dr. G. Schubert, Hamburg
Anwendung neuer Strahlenquellen in der Krebstherapie

Heft 37:
Prof. Dr. F. Lotze, Münster
Probleme der Gebirgsbildung
Bergwerksdirektor Bergassessor a. D. Rauschenbach, Essen
Die Erhaltung der Förderungskapazität des Ruhrbergbaues auf lange Sicht

Heft 38:
Dr. E. C. Cherry, London
Kybernetik
Prof. Dr. E. Pietsch, Clausthal-Zellerfeld
Dokumentation und mechanisches Gedächtnis — zur Frage der Ökonomie der geistigen Arbeit

Heft 39:
Dr. H. Haase, Hamburg
Infrarot und seine technischen Anwendungen
Prof. Dr. A. Esau, Aachen
Die Bedeutung des Ultraschalls für technische Anwendungsgebiete

Heft 40:
Bergassessor F. Lange, Bochum-Hordel
Die wirtschaftliche und soziale Bedeutung der Silikose im Bergbau
Prof. Dr. W. Kikuth, Düsseldorf
Die Entstehung der Silikose und ihre Verhütungsmaßnahmen

Heft 40 a:
Prof. Dr. E. Gross, Bonn
Berufskrebs und Krebsforschung
Prof. Dr. H. W. Knipping, Köln
Die Situation der Krebsforschung vom Standpunkt der Klinik

Heft 41:
Dr.-Ing. G. V. Lachmann, Teddington
An einer neuen Entwicklungsschwelle im Flugzeugbau
Dr. A. Gerber, Zürich
Stand der Entwicklung der Raketen- und Lenktechnik

Heft 42:
Prof. Dr. T. Kraus, Köln
Lokalisationsphänomene und Raumordnung vom Standpunkt der geographischen Wissenschaft
Direktor Dr. F. Gummert, Essen
Vom Ernährungsversuchsfeld der Kohlenstoffbiologischen Forschungsstation Essen (Ein 6 Jahre lang durchgeführter Versuch, einen Menschen aus dem Ertrag von 1250 qm zu ernähren)

Heft 42 a:
Prof. Dr. Dr. h. c. G. Domagk, Wuppertal
Fortschritte auf dem Gebiet der experimentellen Krebsforschung

Heft 43:
Prof. G. Lampariello, Rom
Über Leben und Werk von Heinrich Hertz
Prof. Dr. W. Weizel, Bonn
Über das Problem der Kausalität in der Physik

Heft 43 a:
Prof. Dr. J. Mª Albareda, Madrid
Die Entwicklung der Forschung in Spanien

Heft 44:
Prof. Dr. B. Helferich, Bonn
Über Glykose
Prof. Dr. F. Micheel, Münster
Kohlenhydrat-Eiweiß-Verbindungen und ihre bio-chemische Bedeutung

Heft 45:
Prof. Dr. J. von Neumann, Princeton/USA
Entwicklung und Ausnutzung neuerer mathematischer Maschinen
Prof. Dr. E. Stiefel, Zürich
Rechenautomaten im Dienste der Technik mit Beispielen aus dem Züricher Institut für angewandte Mathematik

Heft 46:
Prof. Dr. W. Weltzien, Krefeld
Ausblick auf die Entwicklung synthetischer Fasern
Prof. Dr. W. Hoffmann, Münster
Wachstumsformen der Industriewirtschaft

Heft 47:
Staatssekretär Prof. L. Brandt, Düsseldorf
Die praktische Förderung der Forschung in Nordrhein-Westfalen
Prof. Dr. L. Raiser, Bad Godesberg
Die Förderung der angewandten Forschung durch die Deutsche Forschungsgemeinschaft

Heft 48:
Dr. H. Tromp, Rom
Bestandsaufnahme der Wälder der Welt als internationale und wissenschaftliche Aufgabe
Prof. Dr. F. Heske, Schloß Reinbek
Die Wohlfahrtswirkungen des Waldes als internationales Problem

Heft 49:
Präsident Dr. G. Böhnecke, Hamburg
Zeitfragen der Ozeanographie
Reg.-Direktor Dr. H. Gabler, Hamburg
Nautische Technik und Schiffssicherheit

Heft 50:
Prof. Dr.-Ing. F. A. F. Schmidt, Aachen
Probleme der Selbstentzündung und Verbrennung bei der Entwicklung der Hochleistungskraftmaschinen
Prof. Dr.-Ing. A. W. Quick, Aachen
Ein Verfahren zur Untersuchung des Austauschvorganges in verwirbelten Strömungen hinter Körpern mit abgelöster Strömung

Heft 51:
Prof. Dr. S. Strugger, Münster
Struktur, Entwicklungsgeschichte und Physiologie der Chloroplasten
Direktor Dr. J. Pätzold, Erlangen
Therapeutische Anwendung mechanischer und elektrischer Energie

VERÖFFENTLICHUNGEN DER ARBEITSGEMEINSCHAFT FÜR FORSCHUNG DES LANDES NORDRHEIN-WESTFALEN

Geisteswissenschaften

Heft 1:
Prof. Dr. W. Richter, Bonn
Die Bedeutung der Geisteswissenschaften für die Bildung unserer Zeit
Prof. Dr. J. Ritter, Münster
Die aristotelische Lehre vom Ursprung und Sinn der Theorie

Heft 2:
Prof. Dr. J. Kroll, Köln
Elysium
Prof. Dr. G. Jachmann, Köln
Die vierte Ekloge Vergils

Heft 3:
Prof. Dr. H. Stier, Münster
Die klassische Demokratie

Heft 4:
Prof. Dr. W. Caskel, Köln
Lihyan und Lihyanisch, Sprache und Kultur eines früharabischen Königreiches

Heft 5:
Prof. Dr. T. Ohm, Münster
Stammesreligionen im südlichen Tanganyika-Territorium

Heft 6:
Prälat Prof. Dr. Dr. h. c. G. Schreiber, Münster
Deutsche Wissenschaftspolitik von Bismarck bis zum Atomwissenschaftler Otto Hahn

Heft 7:
Prof. Dr. W. Holtzmann, Bonn
Das mittelalterliche Imperium und die werdenden Nationen

Heft 8:
Prof. Dr. W. Caskel, Köln
Die Bedeutung der Beduinen in der Geschichte der Araber

Heft 9:
Prälat Prof. Dr. Dr. h. c. G. Schreiber, Münster
Iroschottische Motive im abendländischen Sakralraum

Heft 10:
Prof. Dr. P. Rassow
Forschungen zur Reichsidee im 16. und 17. Jahrhundert

Heft 11:
Prof. Dr. H. E. Stier, Münster
Roms Aufstieg zur Weltherrschaft

Heft 12:
Prof. D. K. Rengstorf, Münster
Mann und Frau im Urchristentum
Prof. Dr. H. Conrad, Bonn
Grundprobleme einer Reform des Familienrechts

Heft 13:
Prof. Dr. M. Braubach, Bonn
Der Weg zum 20. Juli 1944 — Ein Forschungsbericht

Heft 14:
Prof. Dr. P. Hübinger, Münster
Das deutsch-französische Verhältnis und seine mittelalterlichen Grundlagen

Heft 15:
Prof. Dr. F. Steinbach, Bonn
Der geschichtliche Weg des wirtschaftenden Menschen in die soziale Freiheit und politische Verantwortung

Heft 16:
Prof. Dr. J. Koch, Köln
Die Ars coniecturalis des Nikolaus von Cues

Heft 17:
Prof. Dr. J. Conant, US-Hochkommissar für Deutschland
Staatsbürger und Wissenschaftler
Prof. D. K. H. Rengstorf, Münster
Antike und Christentum

Heft 18:
Prof. Dr. R. Alewyn, Köln
Klopstocks Publikum

Heft 19:
Prof. Dr. F. Schalk, Köln
Das Lächerliche in der französischen Literatur des Ancien Régime

Heft 20:
Prof. Dr. L. Raiser, Bad Godesberg
Rechtsfragen der Mitbestimmung

Heft 21:
Prof. D. M. Noth, Bonn
Das Geschichtsverständnis der alttestamentlichen Apokalyptik

Heft 22:
Prof. Dr. W. F. Schirmer, Bonn
Glück und Ende des Königs in Shakespeares Historien

Heft 23:
Prof. Dr. G. Jachmann, Köln
Der homerische Schiffskatalog und die Ilias

Heft 24:
Prof. Dr. T. Klauser, Bonn
Die römischen Petrustraditionen im Lichte der neuen Ausgrabungen unter der Peterskirche

Heft 25:
Prof. Dr. H. Peters, Köln
Die Gewaltentrennung in moderner Sicht

Heft 26:
Prof. Dr. F. Schalk, Köln
Calderon und die Mythologie

Heft 27:
Prof. Dr. J. Kroll, Köln
Vom Leben geflügelter Worte

Heft 28:
Prof. Dr. T. Ohm, Münster
Die Religionen in Asien

Heft 29:
Prof. Dr. L. Weisgerber, Bonn
Die Ordnung der Sprache im persönlichen und öffentlichen Leben

Heft 30:
Prof. Dr. W. Caskel, Köln
Entdeckungen in Arabien

Heft 31:
Prof. Dr. M. Braubach, Bonn
Entstehung und Entwicklung der landesgeschichtlichen Bestrebungen und historischen Vereine im Rheinland

Heft 32:
Prof. Dr. F. Schalk, Köln
Somnium und verwandte Wörter in den romanischen Sprachen

Heft 33:
Prof. Dr. F. Dessauer, Frankfurt a. M.
Erbe und Zukunft des Abendlandes

Heft 34:
Prof. Dr. T. Ohm, Münster
Ruhe und Frömmigkeit

Heft 35:
Prof. Dr. H. Conrad, Bonn
Die mittelalterliche Besiedlung des deutschen Ostens und das deutsche Recht

Heft 36:
Prof. Dr. H. Sckommodau, Köln
Die religiösen Dichtungen Margaretes von Navarra

Heft 37:
Prof. Dr. H. von Einem, Bonn
Der Kopf mit der Binde des Meisters von Naumburg

Heft 38:
Prof. Dr. J. Höffner, Münster
Statik und Dynamik in der scholastischen Wirtschaftsethik

Heft 39:
Prof. Dr. F. Schalk, Köln
Diderots Essai über Claudius und Nero

Heft 40:
Prof. Dr. G. Kegel, Köln
Probleme des internationalen Enteignungs- und Währungsrechts

Heft 41:
Prof. Dr. L. Weisgerber, Bonn
Die Grenzen der Schrift

Heft 42:
Prof. Dr. R. Alewyn, Köln
Von der Empfindsamkeit zur Romantik

Heft 43:
Prof. Dr. T. Schieder, Köln
Die Probleme des Rapallo-Vertrages 1922

Heft 44:
Prof. Dr. A. Rumpf, Köln
Stilphasen der spätantiken Kunst

If you have any concerns about our products,
you can contact us on
ProductSafety@springernature.com

In case Publisher is established outside the EU,
the EU authorized representative is:
**Springer Nature Customer Service Center GmbH
Europaplatz 3, 69115 Heidelberg, Germany**

Printed by Libri Plureos GmbH
in Hamburg, Germany